定期テスト ズバリ

JN078300

教育出版版 | 中学数学2

もくじ

取り外してお使いください 赤シート＋直前チェックBOOK,別冊解答

※全国の定期テストの標準的な出題範囲を示しています。学校の学習進度とあわない場合は、「あなたの学校の出題範囲」欄に出題範囲を書きこんでお使いください。

Step 1 基本チェック ● 1節 式の計算

15分

教科書のたしかめ　[ ]に入るものを答えよう！

❶ 単項式と多項式　▶ 教 p.16-18　Step 2 ❶❷

解答欄

□(1) $\{⑦-x+1,　④x^2,　⑦ab-1,　⑤2\}$ のうち，単項式は
[④]，[⑤]，多項式は [⑦]，[⑦] である。

(1)

□(2) (1)で，1次式は [⑦]，2次式は [④]，[⑦] である。

(2)

❷ 多項式の計算　▶ 教 p.19-23　Step 2 ❸-❾

□(3) 多項式 $4a+3b-7a-5b$ で同類項は，[$4a$] と [$-7a$]，
[$3b$] と [$-5b$] である。

(3)

□(4) $(2x-y)+(4x+3y)=2x+4x-y+3y=$ [$6x+2y$]

(4)

□(5) $(x+3y)-(5x-2y)=x+3y-5x+2y=$ [$-4x+5y$]

(5)

□(6) $2(5x+y)=2×5x+2×y=$ [$10x+2y$]

(6)

□(7) $(8a+12b)÷4=\dfrac{8a+12b}{4}=$ [$2a+3b$]

(7)

❸ 単項式の乗法，除法　▶ 教 p.24-27　Step 2 ❿⓫

□(8) $7x×2y=7×2×x×y=$ [$14xy$]

(8)

□(9) $18ab÷3a=\dfrac{18ab}{3a}=$ [$6b$]

(9)

❹ 式の値　▶ 教 p.28　Step 2 ⓬

□(10) $x=3,　y=-2$ のとき，$3x-2y=3×3-2×(-2)=$ [13]

(10)

教科書のまとめ　　に入るものを答えよう！

□ 数や文字の積の形だけでつくられた式を 単項式 ，単項式の和の形で表された式を 多項式 という。

□ 単項式の次数…かけ合わされている文字の 個数 　(例)$4a$ は，文字 a が1個だから 1次式
　多項式の次数…次数の最も大きい 項 の次数　(例)$2x+y^2$ は，y^2 の次数が2だから 2次式

□ 多項式の加法…すべての項を加えて， 同類項 をまとめる。
　多項式の減法…ひく式の各項の 符号 を変える。

□ 多項式と数の乗法… 分配法則 を使って次のように計算する。(例)$3(x+y)=3×x+3×y$
　多項式と数の除法…分数の形にするか，わる数を 逆数 にしてかける。

□ 単項式どうしの乗法… 係数 の積に文字の積をかける。
　単項式どうしの除法…分数の形にするか，わる式を 逆数 にしてかける。

Step **2** 予想問題　**1節 式の計算**

1ページ
30分

【単項式と多項式】

❶ 次の式は多項式か単項式か答えなさい。また，多項式については，その項をいいなさい。

□(1)　$-3x+4y-5$

□(2)　$-3mn$

（　　　　　　　　　　　　）

❶
多項式の項は，式を和の形に直すとわかりやすい。

【単項式，多項式の次数】

❷ 次の式は何次式ですか。

□(1)　$-3a^2$

□(2)　$\dfrac{1}{2}xy$

□(3)　$-7x+5$

□(4)　$5a^2-9b+6$

❷
かけ合わされている文字の個数を数える。
多項式では，次数の最も大きい項の次数がその多項式の次数となる。

【同類項】

❸ 次の式を同類項をまとめて簡単にしなさい。

□(1)　$4a+3b-2a-b$

□(2)　$3x^2-10x+7-2x^2+3x$

□(3)　$-5ab-b+2ab+6b+9$

❸
文字の部分が同じ項を見つけ，それらの項を1つの項にまとめる。

【多項式の加法】

❹ 次の計算をしなさい。

□(1)　$(2x+3)+(8x-9)$

□(2)　$(2a-3b)+(4a-6b)$

□(3)　$(-a^2+2ab+5b^2)+(7a^2+3ab-5b^2)$

□(4)　$(3x^2+2xy+y^2)+(-5x^2-xy+3y^2)$

□(5)　
$$\begin{array}{r} 4x+2y \\ +)\ 8x-6y \\ \hline \end{array}$$

□(6)　
$$\begin{array}{r} a^2+3ab-2b^2 \\ +)\ 5a^2-ab-7b^2 \\ \hline \end{array}$$

❹
(1)～(4)かっこをはずして，同類項をまとめる。

【多項式の減法】

❺ 次の計算をしなさい。

□(1)　$(3x-5)-(-2x+1)$　　□(2)　$(8a+2b)-(6a-4b)$

□(3)　$(2x^2+x-y)-(-3x^2-7x+2y)$

□(4)　$(-a^2+3ab-2b^2)-(-2a^2-ab+7b^2)$

□(5)　$\begin{array}{r}3x+5y\\-)\ 5x-2y\\\hline\end{array}$　　□(6)　$\begin{array}{r}-a^2+2ab-3b^2\\-)\ -6a^2-3ab+2b^2\\\hline\end{array}$

【多項式と数の乗法】

❻ 次の計算をしなさい。

□(1)　$3(2x+3y)$　　□(2)　$(2a-5b)\times\dfrac{1}{2}$

□(3)　$12\left(\dfrac{3}{2}x-\dfrac{2}{3}y\right)$　　□(4)　$-2(a-3b+4)$

【多項式と数の除法】

❼ 次の計算をしなさい。

□(1)　$(4a+2b)\div 2$　　□(2)　$(6x-12y)\div(-6)$

□(3)　$(-9a-18b)\div(-9)$　　□(4)　$(15x-21y+6)\div 3$

ヒント

❺ (1)～(4)かっこの前の符号が－のときは、かっこの中の各項の符号を変えてかっこをはずす。

ミスに注意 かっこの中の2つめ以降の項の符号を変え忘れるので、注意しよう。

❻ 分配法則を使って、数を多項式の各項にかける。

(2)$(2a-5b)\times\dfrac{1}{2}$

ミスに注意 分配法則では、数をすべての項にかけること！

❼ 多項式を数でわる除法は、分数の形にするか、わる数を逆数にしてかける。

(1)$(4a+2b)\div 2$ $=\dfrac{4a+2b}{2}$

または、$(4a+2b)\div 2=(4a+2b)\times\dfrac{1}{2}$

【いろいろな式の計算】

❽ 次の計算をしなさい。

□(1)　$7(x+2y)+4(2x-y)$　　　□(2)　$3(2a+4b)-2(5a-3b)$

□(3)　$-2(2a-3b-1)+3(4a-5b+2)$

□(4)　$3(x+4y-2)-4(2x-1)$

❽
分配法則を使ってかっこをはずし，同類項をまとめる。

【分数をふくむ式の計算】

❾ 次の計算をしなさい。

□(1)　$\dfrac{3x-2y}{2}+\dfrac{6x-2y}{3}$　　　□(2)　$\dfrac{a-7b}{5}-\dfrac{4a-5b}{3}$

❾
通分して，1つの分数にまとめる。

【単項式の乗法，除法】

❿ 次の計算をしなさい。

□(1)　$a\times5b$　　　□(2)　$(-3x)\times4y$　　　□(3)　$14x\times\left(-\dfrac{1}{7}y\right)$

□(4)　$6x\times(-2x)$　　　□(5)　$(-a^2)\times b$　　　□(6)　$-4xy\times\dfrac{1}{16}xy$

□(7)　$4a^2b\div(-4ab)$　　　□(8)　$-8xy\div\dfrac{2}{3}y$　　　□(9)　$\dfrac{5}{6}ab^2\div\left(-\dfrac{2}{3}b^2\right)$

❿
単項式どうしの乗法では，係数の積に文字の積をかける。
同じ文字の積は累乗の指数を使って表す。
単項式どうしの除法では，分数の形にするか，乗法に直して計算する。

✖ ミスに注意
(8) $\dfrac{2}{3}y$ の逆数は
$\dfrac{3}{2}y$ ではなく，$\dfrac{3}{2y}$

【乗法と除法が混じった式の計算】

⓫ 次の計算をしなさい。

□(1)　$12a^2b\div4a^2\times(-2a)$　　　□(2)　$(-16xy)\times4xy\div32x^2y$

⓫
符号を先に決めてから計算する。

【式の値】

⓬ $x=-3$，$y=2$ のとき，次の式の値を求めなさい。

□(1)　$3(4x+3y)-2(x-7y)$　　　□(2)　$12xy^2\div4xy\times(-2x)$

⓬
式を簡単にしてから数を代入する。

Step 1 基本チェック ● 2節 式の活用

15分

教科書のたしかめ　[　]に入るものを答えよう！

❶ 式の活用　▶教 p.30-33　Step 2 ❶-❸

解答欄

□(1) m を整数とすると，偶数は[$2m$]，奇数は[$2m+1$]と表すことができる。

(1)

□(2) 2桁の自然数は，十の位の数を x，一の位の数を y とすると，[$10x+y$]と表すことができる。また，この数の十の位の数と一の位の数を入れかえてできる数は[$10y+x$]と表すことができる。

(2)

□(3) 3桁の自然数は，百の位の数を x，十の位の数を y，一の位の数を z とすると，[$100x+10y+z$]と表すことができる。

(3)

□(4) 連続する3つの整数は，真ん中の整数を n とすると，小さいほうから順に $n-1$, n, $n+1$ と表すことができる。和は $([\ n-1\ ])+n+([\ n+1\ ])=3[\ n\ ]$ となり，3の[倍数]になる。

(4)

□(5) 2つの奇数は，整数 m, n を使って，$2m+1$, $2n+1$ と表すことができる。和は $(2m+1)+(2n+1)=[\ 2\ ]\times(m+n+1)$ となり，$m+n+1$ は[整数]だから，2つの奇数の和は[偶数]になる。

(5)

❷ 等式の変形　▶教 p.34　Step 2 ❹

□(6) $x+4y=3$ を x について解くと，$x=[\ -4y+3\ ]$

(6)

□(7) $m=\dfrac{a-b}{2}$ を a について解くと，$a=[\ 2m+b\ ]$

(7)

教科書のまとめ　　に入るものを答えよう！

□ n を整数とすると，偶数は $2n$，奇数は $2n+1$ と表すことができる。

□ **2桁の自然数**…十の位の数を x，一の位の数を y とすると，$10x+y$ と表すことができる。

□ **連続する3つの整数**…真ん中の整数を n とすると，連続する3つの整数は，$n-1$, n, $n+1$ と表すことができる。

□ **等式を** $x=$ ▨ の形に変形して x の値を求める等式を導くことを，x について 解く という。

6

Step 2　予想問題　2節 式の活用

1ページ
30分

1章

【式の活用①】

❶ 連続する 2 つの奇数の和は 4 の倍数になります。この理由を，小さいほうの奇数を $2n-1$ として説明しなさい。ただし，n は整数とします。

💡ヒント

❶

大きいほうの奇数は $2n+1$ と表すことができる。

【式の活用②】

❷ 十の位の数が一の位の数より大きい 2 桁の自然数から，その数の十の位の数と一の位の数を入れかえてできる数をひくと，どんな数になるか説明しなさい。

❷

十の位の数を x，一の位の数を y として 2 桁の自然数を表してみる。

❎ミスに注意

2 桁の自然数を xy としない。

【式の活用③】

❸ 連続する 4 つの整数の和は偶数になります。この理由を，文字を使って説明しなさい。

❸

最も小さい数を n として，4 つの数を n で表す。

【等式の変形】

❹ 次の式を，〔　〕の中の文字について解きなさい。

❹

解きたい文字のある項を左辺に移項する。

(1)　$\ell = 2\pi r$　〔r〕

(2)　$V = \dfrac{1}{2}\pi r^2 h$　〔h〕

(3)　$m = \dfrac{a+b}{2}$　〔b〕

(4)　$a = 3b + r$　〔b〕

Step 3 予想テスト　1章 式の計算

 30分　／100点　目標 80点

❶ 次の問いに答えなさい。知

- □(1) 次の式を単項式と多項式に分けなさい。

  ㋐　$4x+3y-1$　　㋑　$2y^2$　　㋒　$6ab$　　㋓　$\dfrac{1}{2}xy+\dfrac{1}{3}y^2-\dfrac{1}{4}x$

- □(2) 次の式は何次式ですか。

  ①　$5x+2xy+3y$　　　②　$\dfrac{1}{3}abc+a^2$

❷ 次の式の同類項をまとめて簡単にしなさい。知

- □(1)　$3x-2y+4y-5x$
- □(2)　$-x^2+2x+4x^2-6x$

❸ 次の計算をしなさい。知

- □(1)　$(2x+3y)+(4x-7y)$
- □(2)　$(a^2-3a+1)-(2a^2+4a-5)$

- □(3)　$\begin{array}{r} 3x^2+2x-1 \\ +)\ 6x^2-2x+3 \\ \hline \end{array}$
- □(4)　$\begin{array}{r} 8a+9b-6 \\ -)\ 7a-5b+8 \\ \hline \end{array}$

❹ 次の計算をしなさい。知

- □(1)　$6(2x-y)$
- □(2)　$\left(\dfrac{a}{2}+\dfrac{b}{4}\right)\times 8$

- □(3)　$3(4x+y)+5(x-2y)$
- □(4)　$(-12x+9y)\div 3$

- □(5)　$(20x^2+16x+8)\div 4$
- □(6)　$\dfrac{3a-2b}{4}-\dfrac{a+3b}{3}$

❺ 次の計算をしなさい。知

- □(1)　$8a\times 3b$
- □(2)　$\left(-\dfrac{3}{5}x\right)\times 10y$

- □(3)　$4x^2\times(-5x)^2$
- □(4)　$24ab^2\div(-3ab)$

- □(5)　$\dfrac{2}{3}xy^2\div\left(-\dfrac{1}{6}x\right)$
- □(6)　$4ab^2\div 8ab\times(-2ab)$

❻ $x=-3$, $y=2$ のとき，次の式の値を求めなさい。**知** 8点(各4点)

☐(1) $5(x+2y)-4(5x-2y)$　　　　　☐(2) $8x^2y÷4xy×3y^2$

❼ 2桁の自然数で，十の位の数と一の位の数の和が9の倍数であるとき，この自然数は9の倍
☐ 数になります。この理由を，十の位の数を x，一の位の数を y として説明しなさい。**考** 5点

❽ 右の図のように2つの半円と長方形を組み合わせて，周の長さが200mの陸上トラックをつくります。このとき，次の問いに答えなさい。ただし，円周率を $π$ とします。**考** 8点(各4点)

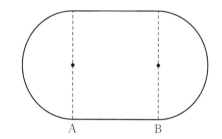

☐(1) 半円の半径を r m，直線部分 AB を x m とするとき，周の長さを表す等式をつくりなさい。

☐(2) (1)でつくった等式を x について解きなさい。

❶	(1) 単項式		多項式
	(2) ①		②
❷	(1)		(2)
❸	(1)		(2)
	(3)		(4)
❹	(1)	(2)	❼
	(3)	(4)	
	(5)	(6)	
❺	(1)	(2)	
	(3)	(4)	
	(5)	(6)	
❻	(1)	(2)	
❽	(1)		(2)

Step 1　基本チェック　1節 連立方程式とその解き方

15分

教科書のたしかめ　[ ]に入るものを答えよう！

❶ 連立方程式とその解　▶教 p.46-47　Step 2 ❶

解答欄

☐(1)　2元1次方程式 $3x+y=7$ で，x，y がともに自然数である解は，　(1)

$x=1$，$y=[\ 4\ ]$ と，$x=[\ 2\ ]$，$y=1$ の2組である。

☐(2)　連立方程式 $\begin{cases} x+y=1 & \cdots ① \\ 2x+y=3 & \cdots ② \end{cases}$ の①の解のうち，$x=2$，　(2)

$y=[\ -1\ ]$ は②の解でもあるから，この連立方程式の解である。

❷ 連立方程式の解き方　▶教 p.48-53　Step 2 ❷❸

☐(3)　連立方程式 $\begin{cases} 3x-y=4 & \cdots ① \\ 2x+y=1 & \cdots ② \end{cases}$　☐(4)　連立方程式 $\begin{cases} 4x-y=5 & \cdots ① \\ x=y-1 & \cdots ② \end{cases}$　(3)

を加減法で解く。

$$3x-y=4$$
$$+)\ 2x+y=1$$
$$\overline{\quad [\ 5x\ ]=5\quad}$$
$$x=[\ 1\ ]$$

$x=1$ を②に代入すると，

$$2\times 1+y=1$$
$$y=[\ -1\ ]$$

よって，連立方程式の解は，

$x=[\ 1\ ]$，$y=[\ -1\ ]$

を代入法で解く。　(4)

②を①に代入すると，

$$4([\ y-1\ ])-y=5$$
$$y=[\ 3\ ]$$

これを②に代入すると，

$$x=[\ 3\ ]-1=[\ 2\ ]$$

よって，連立方程式の解は，

$x=[\ 2\ ]$，$y=[\ 3\ ]$

❸ いろいろな連立方程式　▶教 p.54-55　Step 2 ❹-❻

☐(5)　係数に分数や小数がある方程式は，係数をすべて[整数]にする。　(5)

教科書のまとめ　　に入るものを答えよう！

☐ $2x+3y=18$ のように，2つの文字をふくむ1次方程式を 2元1次方程式 という。また，それを成り立たせる2つの文字の値の組を，2元1次方程式の 解 という。

☐ $\begin{cases} 2x+3y=18 \\ -x+2y=5 \end{cases}$ のように，方程式を組にしたものを 連立方程式 という。また，これらの方程式を両方とも成り立たせる文字の値の組をその連立方程式の 解 という。

☐ 連立方程式の解き方には 加減法 と 代入法 がある。

Step 2　予想問題　1節 連立方程式とその解き方

1ページ
30分

【2元1次方程式】

❶ x，y の値が 7 以下の自然数のとき，次の 2 元 1 次方程式の解を求めなさい。

☐(1)　$2x - y = 6$

☐(2)　$x + 3y = 12$

ヒント

❶
表をかいて調べる。
7 以下の自然数とは，
1，2，3，4，5，6，7

【加減法】

❷ 次の連立方程式を加減法で解きなさい。

☐(1)　$\begin{cases} x + y = 5 \\ 2x - y = 1 \end{cases}$

☐(2)　$\begin{cases} 2x + 3y = 8 \\ 2x - 3y = -4 \end{cases}$

☐(3)　$\begin{cases} 3x - 5y = 15 \\ 3x - 7y = -21 \end{cases}$

☐(4)　$\begin{cases} 3x - y = 1 \\ x + 2y = 5 \end{cases}$

☐(5)　$\begin{cases} 3x - 4y = 10 \\ 4x + 3y = 5 \end{cases}$

☐(6)　$\begin{cases} 5x - 3y = 1 \\ 3x - 7y = 11 \end{cases}$

❷
(1)〜(3)そのまま 2 つの
　式をたすかひくかす
　ればよい。
(4)x か y の係数でそろ
　えやすい方をそろえ
　る。
(5)，(6) 2 つの式をそれ
　ぞれ何倍かして，x
　か y の係数をそろえ
　る。

✗ ミスに注意
2 つの式のひき算を
するときには符号に
注意しよう。

【代入法】

❸ 次の連立方程式を代入法で解きなさい。

☐(1)　$\begin{cases} x = y - 3 \\ y = 2x + 1 \end{cases}$

☐(2)　$\begin{cases} 3x + 2y = 1 \\ y = x + 3 \end{cases}$

☐(3)　$\begin{cases} y = -2x + 7 \\ 3x - 2y = 7 \end{cases}$

☐(4)　$\begin{cases} 3x - 4y = 7 \\ x + 6y = 6 \end{cases}$

❸
(1)$y = 2x + 1$ の x に
　$y - 3$ を代入，
　または，
　$x = y - 3$ の y に
　$2x + 1$ を代入する。
(4)一方の式を $x =$ ▨
　の式に変形して，他
　方の式に代入する。

【いろいろな連立方程式①】

❹ 次の連立方程式を解きなさい。

☐(1) $\begin{cases} 2x - y = -3 \\ 3x - (y + 2) = -6 \end{cases}$

☐(2) $\begin{cases} 2x - 5y = 1 \\ 3(2x - 3y) - 2y = 7 \end{cases}$

【いろいろな連立方程式②】

❺ 次の連立方程式を解きなさい。

☐(1) $\begin{cases} 3x + 2y = 8 \\ 0.3x - 0.1y = 0.5 \end{cases}$

☐(2) $\begin{cases} 0.7x + 0.3y = 2.5 \\ 4x - 10y = 26 \end{cases}$

☐(3) $\begin{cases} 4x + 3y = -14 \\ \dfrac{1}{2}x + \dfrac{1}{3}y = -2 \end{cases}$

点UP ☐(4) $\begin{cases} 6x - y = -1 \\ x - \dfrac{y}{12} = \dfrac{1}{4} \end{cases}$

【$A = B = C$ の形の方程式】

❻ 次の方程式を解きなさい。

☐(1) $4x - 5y = 8x + y = 22$

☐(2) $3x + 4y = x + 7y + 1 = 6x + 10y - 5$

❹

かっこをはずして，$ax + by = c$ の形にしてから解く。

❺

係数が小数の方程式では，両辺に 10 や 100 をかけて，x, y の係数を整数にする。
係数が分数の方程式では，両辺に分母の最小公倍数をかけて，係数を整数にする。

📋テスト得ダネ

係数に小数や分数をふくむ連立方程式は点の差がつきやすいところだ。係数を整数に直すことを忘れないようにしよう。

❻

$A = B = C$ の形の方程式は，

$\begin{cases} A = B \\ B = C \end{cases}$ $\begin{cases} A = B \\ A = C \end{cases}$

$\begin{cases} A = C \\ B = C \end{cases}$ のいずれかの

連立方程式にして解く。

［解答 ▶ p.6］

Step 1 基本チェック　2節 連立方程式の活用

⏱ 15分

教科書のたしかめ　[　]に入るものを答えよう！

❶ 連立方程式の活用　▶教 p.57-61　Step 2 ❶-❽

解答欄

ある美術館の入館料は，大人 2 人と中学生 1 人では 1900 円，

大人 1 人と中学生 2 人では 1400 円である。

大人 1 人，中学生 1 人のそれぞれの入館料を求めなさい。

□(1) 求める数量を文字で表す。　　　　　　　　　　　　　　(1)

　　大人[1]人 x 円，[中学生]1 人 y 円とする。

□(2) 2 つの数量の関係を式で表し，連立方程式をつくる。　(2)

　　大人 2 人と中学生 1 人では，1900 円なので，

　　　$2[\ x\ ]+y=[\ 1900\ ]$　……①

　　大人 1 人と中学生 2 人では，1400 円なので，

　　　$x+[\ 2\ ]y=[\ 1400\ ]$　……②

□(3) 連立方程式を解く。　　　　　　　　　　　　　　　　(3)

　　①×2　　$4x+2y=[\ 3800\ ]$

　　②　　$-)\ \ x+2y=1400$

　　　　　　$[\ 3\ ]x=[\ 2400\ ]$

　　　　　　　　　$x=[\ 800\ ]$

　　$x=800$ を①に代入すると，

　　　$2×[\ 800\ ]+y=1900$

　　　　　　　$y=[\ 300\ ]$

□(4) 連立方程式の解が問題に適しているかどうかを確かめる。(4)

　　大人 800 円，中学生 300 円は，問題に適している。

　　　　　　答　大人 1 人[800]円，中学生 1 人[300]円

教科書のまとめ　＿＿に入るものを答えよう！

□ 連立方程式を使って，問題を解決する手順

　1 わかっている数量と求める数量を明らかにして，どの数量を 文字 で表すかを決める。

　2 数量の間の関係を見つけて，連立方程式 をつくる。

　3 連立方程式を解く。

　4 連立方程式の解が，問題に 適して いるかどうかを確かめる。

Step 2 ｜予想問題｜　**2節 連立方程式の活用**

1ページ
30分

【連立方程式の活用①】

❶ 1本80円の蛍光ペンと1本120円のボールペンを合わせて10本買って，1000円札を出したら，おつりが40円でした。蛍光ペンとボールペンをそれぞれ何本買ったかを求めなさい。

❶
80円の蛍光ペンをx本，120円のボールペンをy本とする。

蛍光ペン

ボールペン

【連立方程式の活用②】

❷ 2桁の自然数があります。この自然数は，十の位の数と一の位の数の和の7倍に等しく，十の位の数と一の位の数を入れかえてできた2桁の数は，もとの自然数より36小さいです。
もとの自然数を求めなさい。

❷
十の位の数をx，一の位の数をyとすると，もとの自然数は，$10x+y$と表される。

【連立方程式の活用③】

❸ ある美術館の入館料は，大人2人と中学生6人では5600円，大人3人と中学生4人では5400円です。
大人1人，中学生1人のそれぞれの入館料を求めなさい。

❸
大人1人の入館料をx円，中学生1人の入館料をy円とする。

大人1人

中学生1人

【連立方程式の活用④】

❹ Aさんは，1周15kmのハイキングコースを4時間かけて歩きました。初めは時速4kmで歩き，途中から上り坂になったので，時速3kmで歩きました。
時速4kmと時速3kmで歩いた道のりをそれぞれ求めなさい。

❹
時速4kmで歩いた道のりを$x$km，時速3kmで歩いた道のりを$y$kmとする。

時速4kmで歩いた道のり

時速3kmで歩いた道のり

［解答 ▶ p.7］

【連立方程式の活用⑤】

❺ 電車が一定の速さで走っています。この電車が 400 m の橋をわたり
☐　はじめてからわたり終わるまでに 35 秒かかり，550 m のトンネルに
　　入りはじめてから出終わるまでに 45 秒かかりました。
　　この電車の長さと走る速さを求めなさい。

長さ〔　　　　　　　　　　〕

速さ〔　　　　　　　　　　〕

💡ヒント

❺
電車の長さを x m，速
さを秒速 y m とする。

❌｜ミスに注意

速さ，時間，道のり
の関係は，
（速さ）×（時間）
＝（道のり）

2
章

【連立方程式の活用⑥】

❻ ある学校で，昨年度の生徒数は 800 人でした。今年度は昨年度より
☐　男子の人数が 6 ％ 増加し，女子の人数が 2 ％ 減少したので，全体で
　　20 人増加しました。今年度の男子，女子はそれぞれ何人ですか。

男子〔　　　　　　　　　　〕

女子〔　　　　　　　　　　〕

❻
昨年度の男子の人数を
x 人，女子の人数を y
人とする。

📋テスト得ダネ

文章題では何を x，
y とおくかがポイン
トとなる。

【連立方程式の活用⑦】

❼ 濃度が 6 ％ と 12 ％ の 2 種類の食塩水を混ぜて，濃度が 10 ％ の食塩
☐　水を 600 g つくります。食塩水をそれぞれ何 g ずつ混ぜればよいかを
　　求めなさい。

6 ％ の食塩水〔　　　　　　　　　　〕

12 ％ の食塩水〔　　　　　　　　　　〕

❼
食塩の重さは，
（食塩水の重さ）×（濃度）
で求めることができる。

【連立方程式の活用⑧】

❽ 右の表は，ハンバーグとオムレ
☐　ツを作るときのひき肉とたまね
　　ぎの分量を表したものです。こ
　　の表をもとにして，ひき肉を

	ハンバーグ 3 人分	オムレツ 2 人分
ひき肉	300 g	60 g
たまねぎ	240 g	40 g

550 g，たまねぎを 420 g 使ってハンバーグとオムレツをつくりまし
た。それぞれ何人分つくったか求めなさい。

ハンバーグ〔　　　　　　　　　　〕

オムレツ〔　　　　　　　　　　〕

❽
ひき肉とたまねぎの 1
人分の量を求めてから，
ハンバーグを x 人分，
オムレツを y 人分とし
て式をつくる。

Step 3　予想テスト　2章 連立方程式

30分　／100点　目標80点

❶ x，y はともに 5 以下の自然数であるとき，2 元 1 次方程式 $3x-2y=10$ を成り立たせる x，y の組を求めなさい。**知**

❷ 次の連立方程式を解きなさい。**知**

(1) $\begin{cases} 4x+y=-4 \\ -2x+y=8 \end{cases}$

(2) $\begin{cases} 5x-2y=3 \\ 2x-3y=21 \end{cases}$

(3) $\begin{cases} x-3y=7 \\ y=2x+1 \end{cases}$

(4) $\begin{cases} y=2x-3 \\ x=3y-16 \end{cases}$

❸ 次の方程式を解きなさい。**知**

(1) $\begin{cases} 3x+2y=14 \\ 2(x-1)=y-x \end{cases}$

(2) $\begin{cases} \dfrac{x+y}{2}=4 \\ x+\dfrac{1}{4}y=5 \end{cases}$

(3) $\begin{cases} x-0.6y=2 \\ 0.5x-1.5y=1 \end{cases}$

(4) $3x+y=6x-2y-6=2y-4$

❹ 連立方程式 $\begin{cases} ax+by=4 \\ -bx+ay=3 \end{cases}$ の解が $x=1$，$y=2$ のとき，a，b の値を求めなさい。**知**

❺ 現在，父の年齢は子の年齢の 3 倍より 1 歳若く，今から 12 年後には，父の年齢が子の年齢の 2 倍になります。

現在の父と子のそれぞれの年齢を求めなさい。**考**

❻ A さんの家からおじさんの家まで 19 km あります。A さんの家の前のバス停からおじさんの家の前のバス停まで，時速 30 km のバスに乗り，おじさんの家の前のバス停からおじさんの家まで時速 3 km の速さで歩くと，合計 1 時間 50 分かかりました。おじさんの家の前のバス停からおじさんの家までの道のりを求めなさい。**考**　　　　10 点

❼ 箱の中に 50 円玉と 10 円玉が合わせて 2400 円分入っています。50 円玉と 10 円玉の枚数の比が 3：5 のとき，50 円玉と 10 円玉のそれぞれの枚数を求めなさい。**考**　　　　10 点

❽ A と B の 2 種類の濃度の食塩水があります。A から 30 g，B から 20 g をとって混ぜると 5 % の食塩水ができます。また，A から 20 g，B から 30 g をとって混ぜると 6 % の食塩水ができます。A，B それぞれの食塩水の濃度を求めなさい。**考**　　　　10 点

❶		
❷	(1)	(2)
	(3)	(4)
❸	(1)	(2)
	(3)	(4)
❹		
❺	父…	子…
❻		
❼	50 円玉…	10 円玉…
❽	A の濃度…	B の濃度…

Step 1 基本チェック ： 1節 1次関数

15分

教科書のたしかめ　[ ]に入るものを答えよう！

❶ 1次関数　▶教 p.70-71　Step 2 ❶

解答欄

☐(1)　$\left\{⑦ y=x^2,\ ① y=-x,\ ⑦ y=\dfrac{1}{x}\right\}$ のうち，1次関数は[①]　　(1)

❷ 1次関数の値の変化　▶教 p.72-74　Step 2 ❷

☐(2)　1次関数 $y=-4x+2$ の変化の割合は[-4]で，一定である。　　(2)

❸ 1次関数のグラフ　▶教 p.75-81　Step 2 ❸-❼

☐(3)　1次関数 $y=2x-3$ のグラフは，$y=$[$2x$]のグラフを y 軸の正の　　(3)
　　　方向に[-3]だけ平行移動した直線である。

☐(4)　1次関数 $y=-5x-2$ のグラフは，傾き[-5]，y 軸上の切片　　(4)
　　　[-2]で，右[下がり]の直線になる。

☐(5)　1次関数 $y=6x-3$ のグラフをかくには，y 軸上の切片は -3 だか　　(5)
　　　ら，点 $(0,$ [-3]$)$ を通り，その点から右へ1だけ，上へ[6]
　　　だけ進んだ点[$(1,\ 3)$]を通る直線をひく。

❹ 1次関数の式の求め方　▶教 p.82-84　Step 2 ❽-❿

☐(6)　点 $(1,\ 5)$ を通り，傾きが2の直線の式は，$y=$[2]$x+b$ に，　　(6)
　　　$x=1,\ y=5$ を代入して，$b=$[3]となるから，$y=2x+3$ となる。

教科書のまとめ　　に入るものを答えよう！

☐ y が x の関数で，y が x の1次式，すなわち $y=ax+b$(a, b は定数，ただし $a\neq0$)で表され
るとき，y は x の 1次関数 であるという。

☐ x の増加量に対する y の増加量の割合，つまり，$\dfrac{(y の増加量)}{(x の増加量)}$ を 変化の割合 という。

☐ 1次関数 $y=ax+b$ では，x がどの値からどれだけ増加しても，変化の割合は一定で，x の係
数 a に等しい。

☐ 1次関数 $y=ax+b$ のグラフは，$y=ax$ のグラフを y 軸の正の方向に b だけ 平行移動 した
直線である。

☐ 1次関数 $y=ax+b$ のグラフを，直線 $y=ax+b$ といい，$y=ax+b$ を 直線の式 という。

☐ 1次関数 $y=ax+b$ のグラフで，定数の部分 b をこのグラフの y 軸上の 切片 という。

☐ 1次関数 $y=ax+b$ のグラフで，a をこのグラフの 傾き という。

☐ 1次関数 $y=ax+b$ のグラフは，傾きが a，y 軸上の切片が b の直線で，
$a>0$ のとき，グラフは右 上がり ，$a<0$ のとき，グラフは右 下がり である。

Step 2　予想問題　1節 1次関数

1ページ
30分

【1次関数】

❶ 次の①〜④のうち，1次関数であるものを選びなさい。

①　$y=\dfrac{5}{x}$　　②　$y=7x$　　③　$y=-2x+3$　　④　$y=x^2$

（　　　　　　）

💡ヒント

❶
1次関数は，$y=ax+b$ の形で表される。

【1次関数の値の変化①】

❷ 1次関数 $y=2x-4$ について，次の問いに答えなさい。

(1)　x の増加量が1のときの y の増加量はいくらですか。

（　　　　　　）

(2)　x の値が1から7まで増加するときの y の増加量はいくらですか。

（　　　　　　）

(3)　(2)のときの変化の割合を求めなさい。

（　　　　　　）

❷
(1)x の係数は，x の増加量が1のときの y の増加量を表す。
(2)$y=2x-4$ に $x=1$，$x=7$ をそれぞれ代入し，y の増加量を求める。

【1次関数のグラフ①】

❸ 次の各組の1次関数で，㋐のグラフは㋑のグラフをどのように動かしたものですか。

(1)　㋐　$y=-3x+7$　　　　㋑　$y=-3x$

（　　　　　　）

(2)　㋐　$y=\dfrac{1}{2}x-3$　　　　㋑　$y=\dfrac{1}{2}x$

（　　　　　　）

❸
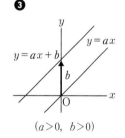
$(a>0,\ b>0)$

【1次関数のグラフ②】

❹ 次の1次関数について，グラフの傾きと切片をいいなさい。

(1)　$y=2x+1$　　　　傾き（　　　　）　切片（　　　　）

(2)　$y=-x-7$　　　　傾き（　　　　）　切片（　　　　）

(3)　$y=-\dfrac{1}{3}x+\dfrac{2}{3}$　　傾き（　　　　）　切片（　　　　）

❹
$y=ax+b$ の a が傾き，b が切片。

❌ミスに注意
傾きも切片も符号に注意しよう。いつでも正とは限らない。

【1次関数のグラフのかき方①】

❺ $y = -\dfrac{2}{3}x + 4$ のグラフをかくとき，次の□にあてはまる数や座標

を書きなさい。また，$y = -\dfrac{2}{3}x + 4$ のグラフをかきなさい。

y 軸上の切片が ① だから，点 $(0,$ ② $)$ を通る。また，傾きが ③ だから，$(0,$ ② $)$ から右へ ④ 進んで，下へ 2 進んだ点 ⑤ を通る。
したがって，2点 $(0,$ ② $)$，⑤ を通る直線をひけばよい。

① （　　　）　　　② （　　　）　　　③ （　　　）

④ （　　　）　　　⑤ （　　　）

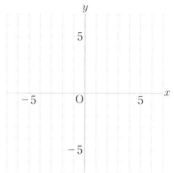

ヒント

❺
$y = ax + b$
傾き
y 軸上の切片

🗒テスト得ダネ
1次関数のグラフをかく問題は必ず出題される。自分で実際にかく練習をしておこう。
傾きが正ならば，グラフは右上がりに，傾きが負ならば，グラフは右下がりになる。

【1次関数のグラフのかき方②】

❻ 次の1次関数のグラフをかきなさい。

□(1)　$y = 2x + 3$

□(2)　$y = -3x + 1$

□(3)　$y = \dfrac{1}{3}x - 4$

□(4)　$y = -\dfrac{3}{2}x - 2$

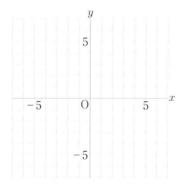

❻
直線が通る2点を決めてかく。まず，y 軸上に切片をとり，次に，傾きからもう1点を決め，その2点を通る直線をひく。

【1次関数のグラフのかき方③】

❼ x の変域が，$-2 \leqq x < 4$ のとき，$y = -\dfrac{3}{2}x + 2$ のグラフをかきなさい。
また，y の変域を求めなさい。

y の変域

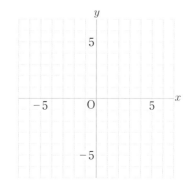

❼
$y = -\dfrac{3}{2}x + 2$ に
$x = -2$，$x = 4$
をそれぞれ代入して求められる2点を直線で結ぶ。

❌ミスに注意
< と ≦ のちがいに注意しよう。

［解答▶p.10］

【1次関数の式の求め方①】

❽ 右の図について，①～④の直線の式をそれぞれ求めなさい。

　①（　　　　　　）

　②（　　　　　　）

　③（　　　　　　）

　④（　　　　　　）

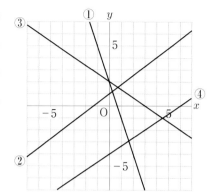

💡ヒント

❽
それぞれ y 軸上の切片
と傾きから式を求める。

【1次関数の式の求め方②】

❾ 次の条件をみたす1次関数の式を求めなさい。

　□(1)　変化の割合が -1 で，$x=0$ のとき $y=3$

　□(2)　切片が -2 で，$x=4$ のとき $y=0$

　□(3)　$x=1$ のとき $y=-3$，$x=3$ のとき $y=-1$

　□(4)　$x=-1$ のとき $y=-3$，$x=3$ のとき $y=-1$

❾
1次関数の式を
$y=ax+b$ とし，与え
られた値を代入して，
a，b の値を求める。
(3)，(4)x，y の値をそ
　れぞれ代入して，連
　立方程式を解く。

【1次関数の式の求め方③】

❿ 次の条件をみたす直線の式を求めなさい。

　□(1)　傾きが $\dfrac{2}{3}$ で，点 $(2,\ -1)$ を通る直線

　□(2)　点 $(0,\ -3)$ を通り，直線 $y=-\dfrac{1}{4}x+2$ に平行な直線

❿
(2)求める直線の式は，
　傾きが $-\dfrac{1}{4}$ となる。

> **Step 1** **基本チェック**
>
> **2節 1次関数と方程式**
> **3節 1次関数の活用**
>
> 15分

教科書のたしかめ 〔 〕に入るものを答えよう！

2節 1次関数と方程式　▶ 教 p.86-91　Step 2 ❶-❹

解答欄

□(1)　方程式 $2x+y=5$ を y について解くと，$y=$〔 $-2x+5$ 〕

(1)

□(2)　方程式 $y=3$ のグラフは，点 $(0,$〔 3 〕$)$ を通り，
　　　〔 x 〕軸に平行な〔 直線 〕である。

(2)

□(3)　直線 $\ell：y=x+2\cdots$①，
　　　直線 $m：y=-x+4\cdots$②
　　　の交点の座標を求めるには，

　　　連立方程式 $\begin{cases} y=〔\,x+2\,〕 & \cdots① \\ y=〔\,-x+4\,〕 & \cdots② \end{cases}$

　　　を解けばよい。
　　　解は $x=1$，$y=3$ だから，交点の座標は〔 $(1,\ 3)$ 〕

(3)

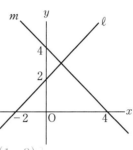

3節 1次関数の活用　▶ 教 p.92-96　Step 2 ❺-❽

□(4)　長さ 10 cm のろうそくを燃や
すとき，時間 x 分と長さ y cm
の間に右の表のような関係があ

時間 x(分)	0	1	2	3	4
ろうそくの長さ y(cm)	10	8.5	7	5.5	4

(4)

る。2つの数量の関係を1次関数とみなすと，傾きが -1.5，切
片が〔 10 〕となるから，式は $y=$〔 $-1.5x+10$ 〕

教科書のまとめ 　　に入るものを答えよう！

□ 2元1次方程式 $ax+by=c$ のグラフは 直線 である。

□ 2元1次方程式 $2x+y=5$ を y について解くと，$y=-2x+5$ となり，そのグラフは，傾き が
-2，切片 が5の直線である。

□ 方程式 $y=k$ のグラフは，点 $(0,\ k\ )$ を通り，
　x 軸に平行な直線になる。

□ 方程式 $x=h$ のグラフは，点 $(\ h\ ,\ 0)$ を通り，
　y 軸に平行な直線になる。

□ 連立方程式 $\begin{cases} ax+by=c & \cdots① \\ a'x+b'y=c' & \cdots② \end{cases}$ の解は，直線①，②の

　交点 の x 座標，y 座標の組である。

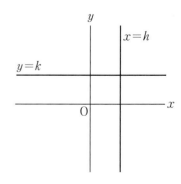

Step 2　予想問題　2節 1次関数と方程式　3節 1次関数の活用

1ページ
30分

【2元1次方程式のグラフ】

❶ 次の方程式のグラフをかきなさい。

☐(1)　$2x - 3y = 6$

☐(2)　$3x + 2y - 6 = 0$

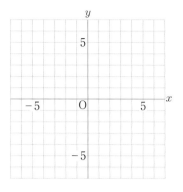

❶

それぞれの式を y について解いてからグラフをかく。
または，x 軸，y 軸との交点の座標などの x, y の適当な値の組を2つ見つけてグラフをかく。

3章

【$x = h$, $y = k$ のグラフ】

❷ 次の方程式のグラフをかきなさい。

☐(1)　$2x = -12$

☐(2)　$3y + 15 = 0$

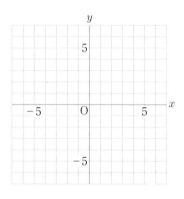

❷

(1)y 軸に平行な直線になる。

(2)x 軸に平行な直線になる。

【連立方程式とグラフ①】

❸ 次の連立方程式の解を，グラフを使って求めなさい。

☐(1)　$\begin{cases} 2x + y = 6 \\ y = x + 3 \end{cases}$

　　　　(　　　　　)

☐(2)　$\begin{cases} x + y = 1 \\ 2x - 3y = 12 \end{cases}$

　　　　(　　　　　)

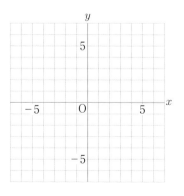

❸

グラフの交点の座標が，連立方程式の解を表している。

(1)上の式は，x 軸，y 軸との交点を求めてかくか，$y = \boxed{}$ の形に変形してかく。

【連立方程式とグラフ②】

点UP

❹ 右の図で，
直線①…$y=x+1$
直線②…$y=ax+13$
点 A…直線①と②の交点
点 B…直線①と y 軸との交点
点 C…直線②と y 軸との交点
とするとき，次の問いに答えなさい。
ただし，座標軸の単位の長さは，1 cm とする。

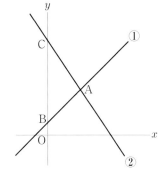

□(1) 線分 BC の長さを求めなさい。

□(2) △ABC の面積が 18 cm^2 であるとき，点 A の座標を求めなさい。

□(3) (2)のとき，a の値を求めなさい。

【1次関数の活用①】

❺ 長さ 6 cm のバネにおもりをつるしてバネ全体の長さをはかったところ，下の表のようになりました。
このとき，次の問いに答えなさい。

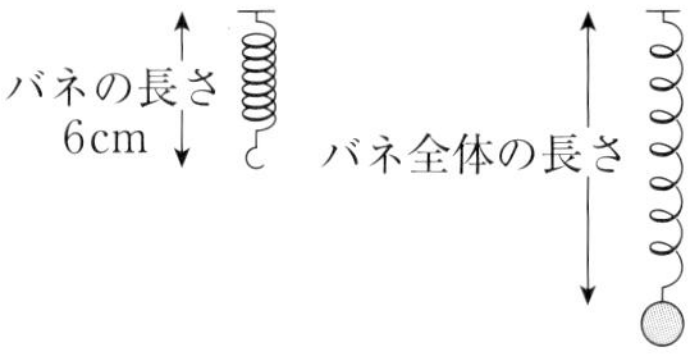

おもりの重さ x(g)	0	1	2	3	4	5	6
バネ全体の長さ y(cm)	6	7.5	9.1	10.5	12	13.6	15

□(1) 上の表の x と y の値の組を座標とする点を，右の図にとりなさい。

□(2) 右の図に，2 点 (0，6)，(6，15) を通る直線をかき入れなさい。

□(3) (2)の直線の式を求めなさい。

□(4) 8 g のおもりをつるすと，バネ全体の長さは，およそ何 cm と考えられますか。

ヒント

❹
(1)直線①，②の y 軸上の切片を考える。
(2)線分 BC を底辺として考える。

テスト得ダネ
問題文が長い問題では，その条件を読みとることが大きなポイントとなる。
差がつきやすいところだ。

❺
(1)座標平面上にとった点は，ほぼ直線上に並んでいるといえる。
(2)2 点を通る直線をひく。
(3)y 軸上の切片はおもりをつるさないときのバネの長さを示しており，傾きは重さが 1 g 増えるごとにバネ全体の長さがのびる長さを示している。
(4)(3)の式に代入するか，(2)のグラフから読みとる。

[解答▶p.11]

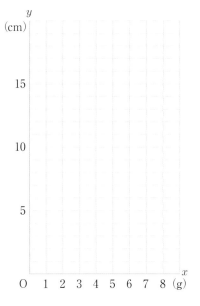

【1次関数の活用②】

6 右の図の △ABC は，∠C＝90° の直
角三角形です。点 P は B を出発して，
辺 BC 上を C まで動きます。
点 P が x cm 動いたときの △ABP の
面積を y cm² として，y を x の式で
表し，x の変域も答えなさい。

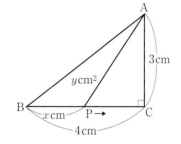

ヒント

6
点 P が辺 BC 上を動
くので，底辺を BP,
高さを AC と考える。

📖 テスト得ダネ
1次関数の活用には
図形上の辺を動く点
の問題がよくでる。

（　　　　　　　）

x の変域は（　　　　　　　）

【1次関数の活用③】

7 A 駅から B 駅までは 15 km あります。右の図
は，B 駅から A 駅に向けて一定の速さで走る
電車の走った時間 x 分と A 駅までの残りの道
のり y km の関係を表したものです。
このとき，次の問いに答えなさい。

□(1)　この電車は 1 分間に何 km 進みますか。

（　　　　　　　）

□(2)　y を x の式で表しなさい。

（　　　　　　　）

□(3)　A 駅までの残りの道のりが 9 km になるのは，B 駅を出発してか
ら何分後ですか。

（　　　　　　　）

7
(1)傾きを求めればよい。
(2)(1)で傾きを求めてい
るので，あとは y 軸
上の切片がわかれば
よい。

📖 テスト得ダネ
グラフを読みとる問
題も出題されやすい。
x 軸, y 軸が何を表
しているのかをしっ
かりつかもう。

【1次関数の活用④】

8 ある町の 1 か月の水道料金は，使用量が 10 m³ までは 900 円，10 m³
をこえると，1 m³ あたり 120 円を加算している。
このとき，次の問いに答えなさい。

□(1)　1 か月の使用量を x m³，その料金を y 円として，y を x の式で
表しなさい。ただし，x は 10 以上とする。

（　　　　　　　）

□(2)　A さんの家のある月の水道料金は 3060 円でした。何 m³ の水を
使用しましたか。

（　　　　　　　）

8
(1)$y＝ax＋b$
の形になるが, a, b
はそれぞれ何を表す
ことになるかを考え
る。

Step 3　予想テスト　3章 1次関数

30分　/100点　目標80点

---

❶ 次の1次関数のグラフをかきなさい。**知**　10点(各5点)

　□(1)　$y = 3x - 5$

　□(2)　$y = -\dfrac{1}{4}x + 2$

---

❷ 次の1次関数で，x の変域が $-2 \leqq x < 3$ のときの y の変域をそれぞれ求めなさい。**知**　10点(各5点)

　□(1)　$y = \dfrac{2}{3}x + 1$

　□(2)　$y = -\dfrac{1}{2}x - 4$

---

❸ 次の直線の式を求めなさい。**知**　15点(各5点)

　□(1)　点 $(5,\ 3)$ を通り，直線 $y = 4x$ に平行な直線

　□(2)　変化の割合が $\dfrac{3}{2}$ で，x 軸と $(2,\ 0)$ で交わる直線

　□(3)　2点 $(3,\ 4)$，$(0,\ 8)$ を通る直線

---

❹ 右の図について，次の問いに答えなさい。**知**

10点(1)各3点，(2)4点

　□(1)　直線 ℓ と m の式をそれぞれ求めなさい。

　□(2)　直線 ℓ と m の交点 P の座標を求めなさい。

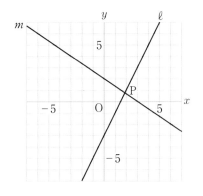

---

❺ 右の図のように，1辺の長さが6cm の正方形 ABCD があります。点 P は点 A を出発して，辺 AB，辺 BC，辺 CD 上を秒速1cm の速さで動いて点 D に到着します。点 A を出発してから x 秒後の $\triangle$APD の面積を y cm^2 とするとき，次の問いに答えなさい。**考**

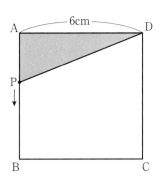

　□(1)　点 P が次の辺上にあるとき，y を x の式で表しなさい。

　　㋐　辺 AB　　㋑　辺 BC　　㋒　辺 CD

　□(2)　(1)のグラフをかきなさい。

　□(3)　$\triangle$APD の面積が15cm^2 になるのは何秒後か。

35点(1)各5点，(2)(3)各10点

❻ A 駅と B 駅の道のりは 50 km です。午前 9 時に A 駅を時速 40 km で普通列車が B 駅に向けて発車しました。その 20 分後に B 駅を時速 60 km で急行列車が A 駅に向けて発車しました。

このとき，次の問いに答えなさい。[考]　　　　　　　　　　　　20 点(各 10 点)

□(1)　午前 9 時から x 分後のそれぞれの列車の A 駅からの道のりを y km として，列車の進行のグラフをかきなさい。

□(2)　両列車が出会う時刻と，その地点の A 駅からの道のりをそれぞれ求めなさい。

3章

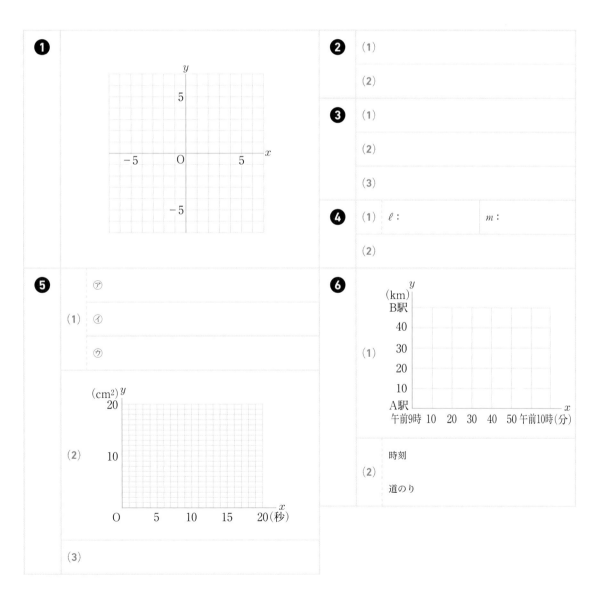

Step 1　基本チェック　：　1節 平行線と角

15分

教科書のたしかめ　[　]に入るものを答えよう！

❶ 直線と角　▶教 p.104-109　Step 2 ❶-❹

解答欄

□(1)　右の図で，∠aと
∠[c]は対頂角だから等しい。

(1)

□(2)　右の図で，$\ell \,/\!/\, m$のとき，∠cと
∠[g]は同位角だから等しい。
また，∠cと∠[e]は錯角だから等しい。

(2)

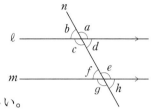

❷ 多角形の内角と外角　▶教 p.110-119　Step 2 ❺-❽

□(3)　右の図で，三角形の[内角]の和は180°
なので，∠C＝[60]°　また，∠Cの
[外角]の∠ACDは[120]°

(3)

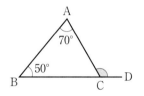

□(4)　八角形の1つの頂点からは，[5]本の対角線がひけるので，
それらの対角線により八角形は[6]つの三角形に分けられる。

(4)

□(5)　五角形の内角の和は[540]°，外角の和は[360]°である。

(5)

教科書のまとめ　　に入るものを答えよう！

□右の図1の∠aと∠c，∠bと∠dのように向かい合っている2つの
角を 対頂角 という。

図1

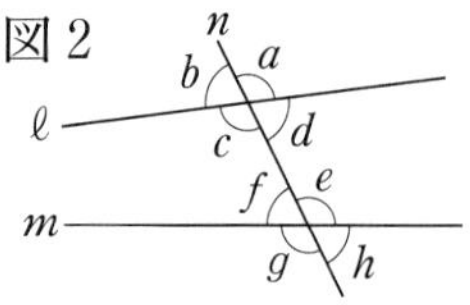

□右の図2のように2直線ℓ，mに1つの直線nが交わってできる角
のうち，∠aと∠e，∠bと∠f，∠cと∠g，∠dと∠hのような
位置にある2つの角をそれぞれ 同位角 という。また，∠cと∠e，
∠dと∠fのような位置にある2つの角をそれぞれ 錯角 という。

図2

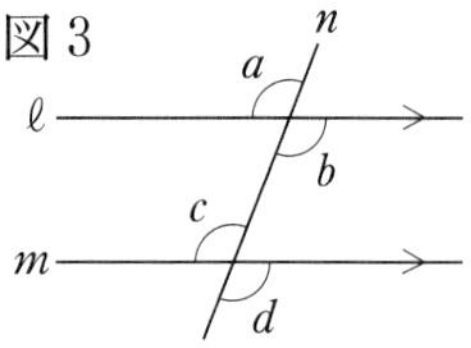

□右の図3で，2直線ℓとmが平行ならば， 同位角 が等しいので，
∠a＝∠c，∠b＝∠dが成り立つ。また， 錯角 が等しいので，
∠b＝∠cが成り立つ。

図3

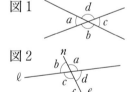

□右の図4で，△ABCの∠BACなどの3つの角を△ABCの 内角 と
いい，1つの辺とその隣の辺の延長とがつくる角を，その頂点におけ
る 外角 という。

□三角形の内角の和は 180 °である。また，三角形の外角は，それと隣
り合わない2つの 内角 の和に等しい。

□n角形の内角の和は180°×(n−2)で，多角形の外角の和は 360 °である。

図4

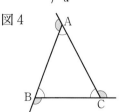

Step
2 予想問題 ⋮ **1節 平行線と角**

1ページ
30分

【対頂角の性質】

❶ 右の図で，∠x，∠y の大きさを求めな
☐ さい。

∠x (　　　　　　　)

∠y (　　　　　　　)

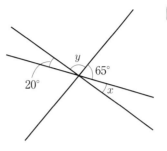

💡ヒント

❶

∠x…対頂角に注目す
る。

【平行線と同位角，錯角】

❷ 右の図で，ℓ∥m，∠a＝73° のとき，
☐ ∠b，∠c の大きさを求めなさい。

∠b (　　　　　　　)

∠c (　　　　　　　)

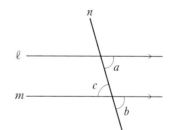

❷

同位角，錯角を見つけ
る。

【平行線と角①】

❸ 下の図で，ℓ∥m であるとき，∠x の大きさを求めなさい。

☐ (1)

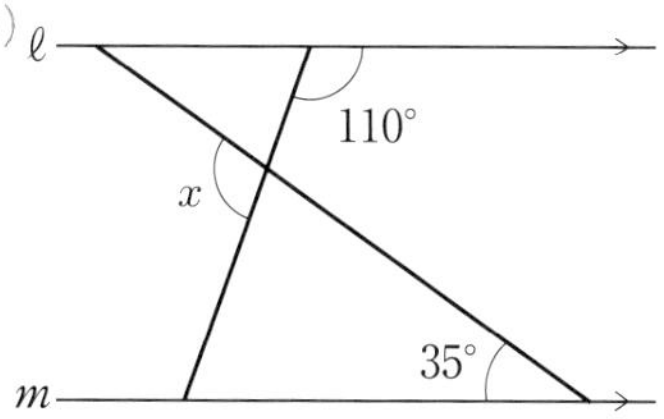

☐ (2)

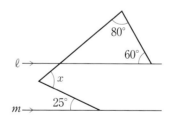

❸

∠x の頂点を通る ℓ，
m に平行な直線をひ
いて考える。

📝テスト得ダネ

適切な補助線がひけ
るようになると高得
点がねらえる。

【平行線と角②】

❹ 右の図で，長方形 ABCD を対角線 BD
☐ で折り曲げると，∠ADB＝∠C'BD とな
ることを説明しなさい。

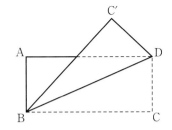

ヒント

❹
平行線の錯角と，点 C
と点 C' が線対称であ
ることから考える。

【三角形の内角と外角】

よく出る

❺ 下の図の三角形で，∠x の大きさを求めなさい。

☐ (1)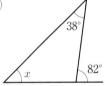

☐ (2)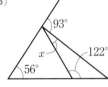

☐ (3)

❺
(1)三角形の内角の和は
　180°
(2)三角形の外角は，そ
　れと隣り合わない 2
　つの内角の和に等し
　い。

☐ (4)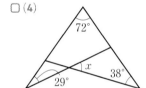

☐ (5)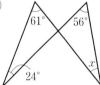

☐ (6)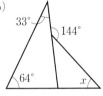

【いろいろな形の角】

❻ 下の図で，印をつけた角の和を求めなさい。

☐ (1)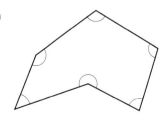

☐ (2)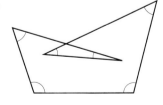

❻
(1)いくつかの三角形に
　分けてみる。
(2)三角形の内角と外角
　の関係を使う。

［解答 ▶ p.14-15］

【多角形の内角と外角①】

❼ 次の問いに答えなさい。

□(1) 十角形の内角の和を求めなさい。

□(2) 正十五角形の 1 つの内角の大きさを求めなさい。

□(3) 内角の和が 2520° である多角形は何角形であるか答えなさい。

□(4) 正十二角形の 1 つの外角の大きさを求めなさい。

□(5) 1 つの外角の大きさが 30° である正多角形は正何角形であるか答えなさい。

□(6) 内角が外角より 150° 大きい正多角形の辺の数を求めなさい。

ヒント

❼
(1)n 角形の内角の和は $180° \times (n-2)$
(4),(5)多角形の外角の和は 360°
(6)内角を $x°$，外角を $y°$ とすると，
$$\begin{cases} x+y = 180 \\ x-y = 150 \end{cases}$$

【多角形の内角と外角②】

❽ 下の図で，∠x の大きさを求めなさい。

□(1)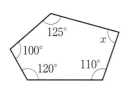

□(2)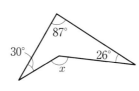

□(3)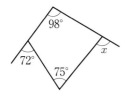

□(4)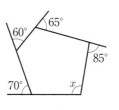

□(5)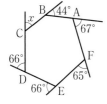

□(6)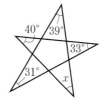

❽
(2)2 つの三角形に分けて考える。

ミスに注意

(6)三角形の外角は，それと隣り合わない 2 つの内角の和である。

Step 1　基本チェック　2節 合同と証明

⏱ 15分

教科書のたしかめ　[ ]に入るものを答えよう！

❶ 合同な図形　▶教 p.121-122　Step 2 ❶

解答欄

□(1)　△ABC と △DEF が合同であるとき，
AB＝DE，BC＝[EF]，CA＝[FD]
∠A＝∠D，∠B＝∠[E]，∠C＝∠[F]
が成り立つ。

(1)

□(2)　(1)の2つの三角形が合同であることを，記号
を使って，△ABC[≡]△DEF と表す。

(2)

❷ 三角形の合同条件　▶教 p.123-125　Step 2 ❷

□(3)　3組の[辺]がそれぞれ等しい三角形は合同である。

(3)

□(4)　2組の辺と[その間の角]がそれぞれ等しい三角形は合同である。

(4)

□(5)　1組の辺と[その両端の角]がそれぞれ等しい三角形は合同である。

(5)

❸ 証明とそのしくみ　▶教 p.126-130　Step 2 ❸-❺

□(6)　「△ABC≡△DEF ならば AB＝DE」ということがらで，仮定は
「[△ABC≡△DEF]」，結論は「[AB＝DE]」である。

(6)

□(7)　「$a＝b$，$b＝c$ ならば $a＝c$」ということがらで，仮定は
「[$a＝b$，$b＝c$]」，結論は「[$a＝c$]」である。

(7)

❹ 作図と証明　▶教 p.131-134　Step 2 ❻

- -

教科書のまとめ　　に入るものを答えよう！

□ △ABC と △A'B'C' が合同であることを，記号を使って △ABC ≡ △A'B'C' と表す。

□ 合同な図形では，　対応　する線分の長さ，　対応　する角の大きさは，それぞれ等しい。

□ **三角形の合同条件**　①　　3 組の辺がそれぞれ等しい。

　②　　2 組の辺とその 間 の角がそれぞれ等しい。

　③　　1 組の辺とその 両端 の角がそれぞれ等しい。

□ あることがらが成り立つことを，すでに正しいと認められたことがらを根拠として，筋道を立てて示すことを 証明 という。

□ 「▩▩▩ ならば ▩▩▩」ということがらで，▩▩▩ の部分を 仮定 ，▩▩▩ の部分を 結論 という。

Step
2 予想問題 ⋮ **2節 合同と証明**

1ページ
30分

【合同な図形】

❶ 右の図で，△ABC≡△DEF です。このと
き，次の問いに答えなさい。

☐(1)　∠E の大きさを求めなさい。

　　　（　　　　　　　　　）

☐(2)　∠F の大きさを求めなさい。

　　　（　　　　　　　　　）

☐(3)　辺 DF の長さを求めなさい。

　　　（　　　　　　　　　）

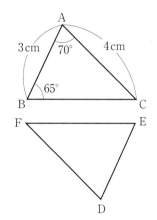

ヒント

❶

対応する辺，角を見つ
ける。

【三角形の合同条件】

❷ 下の図で，合同な三角形を見つけ，記号≡を使って表しなさい。ま
☐ た，そのときに使った合同条件をいいなさい。

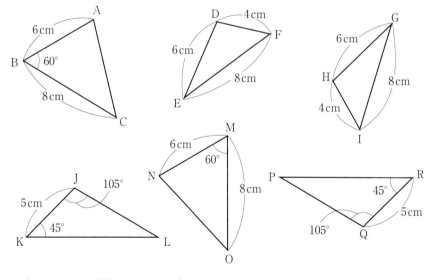

❷

合同な図形では，対応
する順に頂点を書く。

テスト得ダネ
三角形の合同条件に
関する問題は必ず出
る。3つともしっか
り覚えておこう。

・（　　　　　≡　　　　　）

　合同条件（　　　　　　　　　　　　　　　）

・（　　　　　≡　　　　　）

　合同条件（　　　　　　　　　　　　　　　）

・（　　　　　≡　　　　　）

　合同条件（　　　　　　　　　　　　　　　）

【仮定と結論】

❸ 線分 AB の中点を M とし, 点 P
☐　が線分 AB の垂直二等分線 ℓ 上の
　　点ならば, 点 P は点 A, B から
　　等しい距離にある。
　　このことがらの仮定と結論を式で
　　表しなさい。

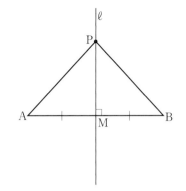

ヒント

❸

ℓ がある線分の垂直二
等分線であるというこ
とは, その線分の中点
を通って垂直な直線と
いうことである。

仮定

結論

【証明のしくみ】

❹ 右の図で, AB＝CD, AO＝CO な
☐　らば, AD＝CB となります。
　　これを, 下のように証明しました。
　　☐ にあてはまることばを答
　　えなさい。

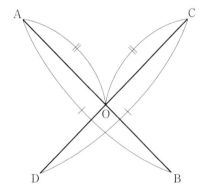

❹

図の中に三角形がない
ときは, 補助線をひい
て三角形をつくり, 合
同条件が使えるように
する。

✖ ミスに注意

どの三角形が対応し
ている三角形になる
のかをよく考えて証
明を進めるとよい。

〈証明〉　点 A と点 D, 点 C と点 B
　　　　　をそれぞれ結ぶ。
　　　△ADO と △ ⑦ で, 仮定から, AO＝ ④ 　……①
　　　AB＝CD と①から, 　　　　　　 ⑦ ＝BO 　……②
　　　対頂角は等しいから, 　　　　∠AOD＝∠ ⑤ 　……③
　　　①, ②, ③より ⑨ がそれぞれ等しいから,
　　　　　　　　　　△ADO≡△ ⑩
　　　合同な三角形の対応する辺は等しいから, ⑪ ＝CB

　　⑦ ◯　　　　　　　④ ◯　　　　　　⑦ ◯

　　⑤ ◯　　　　　　　⑨ ◯

　　⑩ ◯　　　　　　　⑪ ◯

【証明の進め方】

❺ 右の図で，AB＝DB，
　∠BAC＝∠BDE ならば，
　AC＝DE となります。
　これを，下のように証明しました。
　□□□ にあてはまることばを答えなさい。

❺
共通な角というのは，
同じ場所の角を2つの
三角形で重なって使っ
ていることをいう。
共通な角は等しいとい
える。

〈証明〉　△ABC と △DBE で，

　　　　仮定から，　　　　　$\boxed{ア}$ ＝ $\boxed{イ}$　　……①
　　　　　　　　　　　∠BAC＝∠$\boxed{ウ}$　　……②
　　　　共通な角だから，∠ABC＝∠$\boxed{エ}$　　……③
　　　　①，②，③より，$\boxed{\qquad オ \qquad}$ がそれぞれ等しいから，
　　　　　　　　　　△ABC≡△DBE
　　　　合同な三角形の対応する $\boxed{カ}$ は等しいから，$\boxed{キ}$＝DE

　ア（　　　　　　　）　イ（　　　　　　　）　ウ（　　　　　　　）
　エ（　　　　　　　）　オ（　　　　　　　）
　カ（　　　　　　　）　キ（　　　　　　　）

【作図と証明】

❻ 右の図は線分 XY 上の点 O を通る
XY の垂線を作図する手順を示して
います。この作図の方法が正しいこ
とを，次のように証明しました。
□□□ にあてはまることばを答えな
さい。

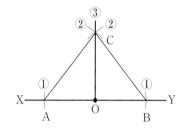

❻
作図する手順を1つ1
つふり返り，等しい辺
や等しい角を見つけ，
合同な三角形があるか
どうかを考える。

点 O を中心に円をかき，直線 XY との交点をそれぞれ A，B とする。
点 A，B を中心に同じ半径の円をかき，1つの交点を C とする。
直線 OC をひく。

〈証明〉　AC，BC をそれぞれ結ぶ。△AOC と △$\boxed{ア}$ で，仮定から，
　　　　AO＝BO……①，　AC＝$\boxed{イ}$　……②，　OC は共通……③
　　　　①，②，③より，$\boxed{ウ}$ がそれぞれ等しいから，
　　　　　　　△AOC≡△$\boxed{エ}$
　　　　合同な三角形の対応する角は等しいから，
　　　　　　　∠AOC＝∠$\boxed{オ}$＝90°

　ア（　　　　　　　）　イ（　　　　　　　）　ウ（　　　　　　　）
　エ（　　　　　　　）　オ（　　　　　　　）

4章

<table>
<tr><td>Step
3</td><td>予想
テスト</td><td>4章 平行と合同</td><td>30分</td><td>/100点
目標 80点</td></tr>
</table>

❶ 次の ∠x，∠y の大きさを求めなさい。知

□(1)
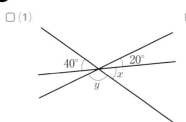

□(2) $\ell /\!/ m$
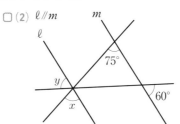

□(3) $\ell /\!/ m$
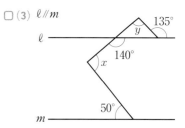

❷ 次の ∠x の大きさを求めなさい。知

□(1)
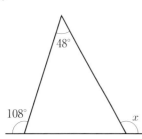

□(2)
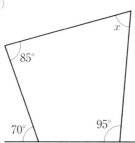

□(3)
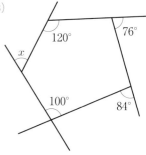

❸ 次の問いに答えなさい。知

□(1)　1つの内角の大きさが，1つの外角の大きさの3倍であるような正多角形は，正何角形ですか。

□(2)　内角の和が 1980° である多角形は，何角形ですか。

❹ 右の図で，AB＝AC，AD＝AE ならば，BE＝CD となります。このとき，次の問いに答えなさい。

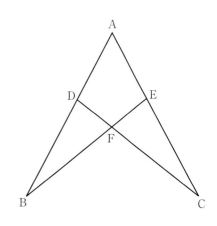

□(1)　仮定と結論を答えなさい。

□(2)　BE＝CD であることを証明しなさい。

❺ 右の図で，四角形 ABCD，四角形 EFGC はともに
1 辺が 4 cm，3 cm の正方形です。このとき，次の
問いに答えなさい。考　　　　　　　　　20点(各10点)

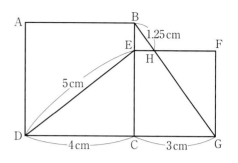

□(1)　△CDE と合同な三角形を見つけ，記号≡を
使って表しなさい。また，三角形の合同条件も
答えなさい。

□(2)　HG の長さを求めなさい。

❻ 右の図で，∠XOP＝∠YOP，OA＝OB です。
□　①〜④は，点 A，B を接点とする接線 OX，OY を
もつ円の作図の手順を示したものです。この作図が
正しいことを証明しなさい。考　　　　　　　20点

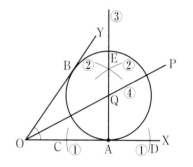

❶	(1)	∠x＝	∠y＝	(2)	∠x＝	∠y＝	(3)	∠x＝	∠y＝

❷	(1)	∠x＝		(2)	∠x＝		(3)	∠x＝

❸	(1)		(2)	

❹	(1)	仮定	結論
	(2)		

❺	(1)	△CDE≡	合同条件	(2)	

❻

Step 1 基本チェック ・ 1 節 三角形

⏱ 15分

教科書のたしかめ 　[ ]に入るものを答えよう!

❶ 二等辺三角形とその性質　▶ 教 p.144-147　Step 2 ❶❷

解答欄

☐(1)　二等辺三角形 ABC で，∠B＝∠C のとき，∠A を[頂角]，
　　　∠B，∠C を[底角]という。

(1)

☐(2)　二等辺三角形の底角が 50°のとき，頂角は[80]°である。

(2)

❷ 二等辺三角形になるための条件　▶ 教 p.148-152　Step 2 ❸-❺

☐(3)　三角形の 2 つの角が，40°と 70°であるとき，残りの角は[70]°
　　　になるから，この三角形は二等辺三角形である。

(3)

☐(4)　「$a>0$ ならば $a^2>0$」の逆「[$a^2>0$]ならば $a>0$」は，[反例]と
　　　して $a=-1$ の場合を示すと，「$(-1)^2>0$ ならば $-1>0$」は成り
　　　立たないので，逆は正しくない。

(4)

❸ 正三角形　▶ 教 p.153　Step 2 ❻-❽

☐(5)　底角が[60]°である二等辺三角形は，正三角形である。

(5)

❹ 直角三角形の合同条件　▶ 教 p.154-156　Step 2 ❾-⓬

☐(6)　右の図で，⑦と[⑨]は，[斜辺]と
　　　1 つの鋭角がそれぞれ等しいから合
　　　同である。また，[④]と[②]は，
　　　[斜辺]と他の 1 辺がそれぞれ等し
　　　いから合同である。

(6)

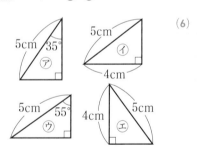

教科書のまとめ 　 に入るものを答えよう!

☐ 二等辺三角形の 定義 …「2 つの辺が等しい三角形を二等辺三角形という。」

☐ 二等辺三角形の底角は 等しい 。
　また，頂角の二等分線は，底辺を 垂直 に
　2 等分する。

☐ 2 つの角が等しい三角形は，それらの角を
　底角 とする二等辺三角形である。

☐ 仮定と結論が入れかわっている 2 つのことがらがあるとき，一方を他方の 逆 という。

☐ あることがらが成り立たないことを示す例を 反例 という。

☐ 正三角形の定義…「3 つの 辺 が等しい三角形を正三角形という。」

☐ 正三角形の 3 つの角は等しい。

☐ 直角三角形の合同条件…① 斜辺と 1 つの 鋭角 がそれぞれ等しい。
　　　　　　　　　　　　② 斜辺と他の 1辺 がそれぞれ等しい。

Step 2 予想問題 1節 三角形

1ページ
30分

【二等辺三角形①】

❶ 下の(1)〜(3)の図で，同じ印をつけた辺の長さは等しいものとします。
このとき，∠x の大きさを求めなさい。

□(1)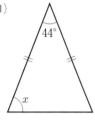

□(2)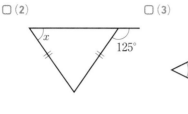

□(3)

💡ヒント

❶
二等辺三角形の 2 つの底角が等しいことを利用する。

( ) ( ) ( )

【二等辺三角形②】

❷ 右の図の △ABC で，PA＝PB＝PC，
□ ∠ABC＝30° であるとき，∠BAC の
大きさを求めなさい。

( )

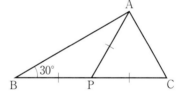

❷
△PBA も △PAC も二等辺三角形。

【二等辺三角形になるための条件①】

❸ 右の図で，AP は △ABC における
□ ∠A の二等分線です。点 C を通り
AP に平行な直線と BA の延長との
交点を E とするとき，△ACE は二
等辺三角形であることを証明しなさ
い。

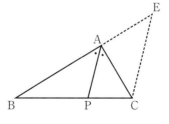

❸
平行線の性質から，等しい同位角と錯角を見つける。

📄テスト得ダネ
証明問題は点数の差がつきやすい。これができると高得点が狙えるので，しっかり理解しておこう。

【二等辺三角形になるための条件②】

4 右の図で，AB＝AC である二等辺三
角形の，底角 ∠B，∠C の二等分線
の交点を D とするとき，点 D は二
等辺三角形 ABC の頂角の二等分線
上にあることを証明しなさい。

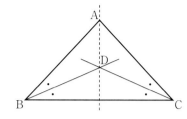

💡ヒント

4

∠A の二等分線も
∠BDC の二等分線も，
ともに二等辺三角形の
底辺 BC を垂直に 2 等
分するので，2 つの二
等分線は一致する。

【定理とその逆】

5 次の(1)，(2)のことがらの逆をいいなさい。また，それが正しいかどう
かをいいなさい。正しくないときは反例をあげなさい。

(1) 平行な 2 直線に 1 つの直線が交わるとき，同位角は等しい。

逆（

正しいか正しくないか（

正しくないときの反例

(2) x，y がともに偶数ならば，xy は偶数である。

逆（

正しいか正しくないか（

正しくないときの反例

5

(2)x，y が偶数の場合
や奇数の場合を考えて
みよう。

📋テスト得ダネ

ことがらが成り立た
ないことを示すに
は，一般的な事例で説明
しなくても，成り立
たない具体例を 1 つ
だけあげられればよ
い。

【正三角形①】

6 次のうち，正三角形であるものを答えなさい。

㋐ 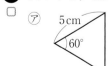　㋑ 　㋒ 　㋓

6

2 つの角が 60° ならば，
残りの角も 60° になる
ので，角の大きさは 2
つで考えればよい。

【正三角形②】

7 右の図のように正三角形 ABC で,
□ 辺 AC に平行な直線 ℓ と辺 AB, BC
との交点をそれぞれ D, E とすると
き, △DBE は正三角形になること
を証明しなさい。

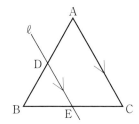

🔵ヒント

7

平行線の性質の同位角
は等しいことを使って
考える。

【正三角形③】

8 右の図で, △ABC の外側に正
□ 三角形 DBA と正三角形 EAC
をつくります。このとき,
BE＝DC であることを証明し
なさい。

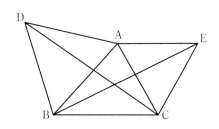

8

△BAE と △DAC が合
同であることを証明す
る。

5章

【直角三角形の合同条件①】

9 下の図で, 合同な直角三角形を答えなさい。また, そのとき使った合
□ 同条件も答えなさい。

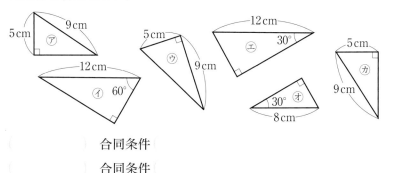

9

対応する辺や角に注目
する。

❌ ミスに注意

三角形の合同条件と
直角三角形の合同条
件は似ているので,
しっかり区別して覚
えておこう。

　　　　　　　　　合同条件

　　　　　　　　　合同条件

【直角三角形の合同条件②】

❿ △ABC の辺 BC の中点を M とし，頂点 B，C から直線 AM に垂線をひき，その交点をそれぞれ D，E とします。このとき，BD＝CE であることを証明しなさい。

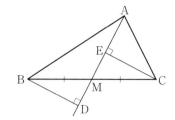

❿
△BDM と △CEM が合同であることを証明する。

【直角三角形の合同条件③】

⓫ 右の図で，半直線 PQ，PR は円 O の接線で，それぞれ点 A と点 B で接しています。このとき，∠APO＝∠BPO であることを証明しなさい。

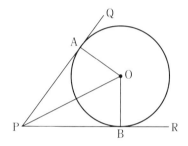

⓫
円の接線は，その接点を通る半径と垂直に交わることを利用する。

【直角三角形と二等辺三角形】

⓬ 右の図の △ABC で，AB＝AC，∠BDC＝∠CEB＝90° とします。このとき，次の問いに答えなさい。

(1)　BE＝CD であることを証明しなさい。

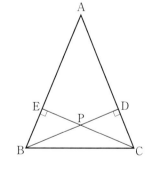

(2)　BD と CE の交点を P するとき，△PBC はどんな三角形ですか。また，その理由をいいなさい。

⓬
(1)△ABC は二等辺三角形。二等辺三角形の底角は等しいことを利用する。

［解答 ▶ p.20-21］

Step 1 基本チェック　2 節　四角形　3 節　三角形と四角形の活用

15分

教科書のたしかめ　〔　〕に入るものを答えよう！

2 節 ❶ 平行四辺形とその性質　▶ 教 p.158-161　Step 2 ❶-❸

解答欄

□(1)　右の □ABCD で，BC の長さは〔 8 〕cm，
∠BAD の大きさは〔 120 〕°，
対角線 AC の長さは〔 7 〕cm である。

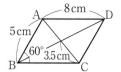

(1)

2 節 ❷ 平行四辺形になるための条件　▶ 教 p.162-165　Step 2 ❹-❻

□(2)　四角形 ABCD で AB＝〔 DC 〕，AB∥〔 DC 〕のとき，
四角形 ABCD は平行四辺形である。

(2)

2 節 ❸ 特別な平行四辺形　▶ 教 p.166-168　Step 2 ❼-❿

□(3)　隣り合う〔 辺 〕の長さが等しい平行四辺形はひし形である。

(3)

□(4)　1 つの角が〔 90 〕°の平行四辺形は長方形である。

(4)

3 節 ❶ 平行線と面積　▶ 教 p.170-171　Step 2 ⓫-⓭

□(5)　□ABCD で辺 AD 上のどこに点 P をとっても，
△PBC の面積は〔 一定 〕で，□ABCD の面
積の〔 半分$\left(\frac{1}{2}\right)$ 〕である。

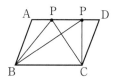

(5)

3 節 ❷ 三角形と四角形の活用　▶ 教 p.172-173

....

教科書のまとめ　　　に入るものを答えよう！

□ 四角形の向かい合う辺を 対辺 ，向かい合う角を 対角 という。

□ 平行四辺形の定義…「2 組の対辺がそれぞれ 平行 な四角形を平行四辺形という。」

□ 平行四辺形の性質…① 2 組の対辺はそれぞれ 等しい 。　② 2 組の対角はそれぞれ 等しい 。
　　　　　　　　　　③ 対角線 はそれぞれの中点で交わる。

□ ひし形の定義…「4 つの 辺 が等しい四角形をひし形という。」

□ 長方形の定義…「4 つの 角 が等しい四角形を長方形という。」

□ 正方形の定義…「4 つの辺が 等しく ，4 つの角が 等しい 四角形を正方形という。」

□ ひし形，長方形，正方形の対角線の性質

　① ひし形の対角線は 垂直 に交わる。

　② 長方形の対角線の長さは 等しい 。

　③ 正方形の対角線は 垂直 に交わり， 長さ が等しい。

Step 2 予想問題 ● **2節 四角形**
● **3節 三角形と四角形の活用**

1ページ
30分

【平行四辺形①】

❶ (1)～(3)の四角形はすべて平行四辺形です。x, y の値を求めなさい。

□(1)

□(2)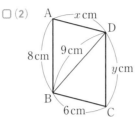

□(3)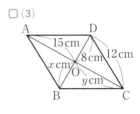

x

y

x

y

x

y

ヒント

❶
平行四辺形の性質を使う。
(1)対角はそれぞれ等しいことから考える。

【平行四辺形②】

❷ □ABCD で，点 E は ∠ADC の二等分線と辺 AB を延長した直線との交点です。
∠BED＝35° のとき，∠ABC の大きさを求めなさい。

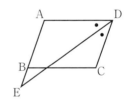

❷
平行線の錯角と平行四辺形の対角に注目する。

【平行四辺形③】

❸ □ABCD の辺 AD，BC の中点をそれぞれ M，N とするとき，MB＝ND であることを証明しなさい。

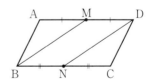

❸
△ABM と △CDN が合同であることを証明して，それを利用する。

［解答 ▶ p.21］

【平行四辺形になるための条件①】

❹ □ABCD の辺 AB，BC，CD，DA の中点をそれぞれ E，F，G，H とします。また，AF と CE の交点を P，AG と CH の交点を Q とします。このとき，四角形 APCQ が平行四辺形であることを証明しなさい。

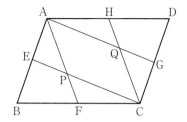

ヒント

❹
平行四辺形になるための条件「2 組の対辺が平行な四角形は平行四辺形である」を使う。

テスト得ダネ
四角形が平行四辺形であることを証明する問題はよく出る。

【平行四辺形になるための条件②】

❺ □ABCD の辺 DC の中点を E とし，AE の延長と BC の延長との交点を F とすると，四角形 ACFD は平行四辺形になることを証明しなさい。

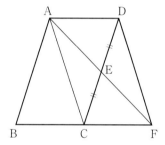

❺
△AED≡△FEC を証明し，平行四辺形になるための対角線の条件を利用する。

【平行四辺形になるための条件③】

❻ □ABCD で，対角線 BD 上の点を E，F とします。AE⊥BD，CF⊥BD のとき，四角形 AECF は平行四辺形であることを証明しなさい。

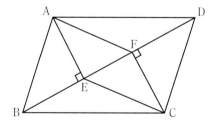

❻
平行四辺形になるための条件「1 組の対辺が平行で長さが等しい」を利用する。

【特別な平行四辺形】

❼ 下の図で(1)～(4)は，それぞれ長方形，ひし形，正方形になるための条件を表しています。(1)～(4)にあてはまる条件を，□のア～エから2つずつ選び，記号で答えなさい。

❼

隣りあう辺，角についての条件と，対角線についての条件の2種類ずつがあてはまる。

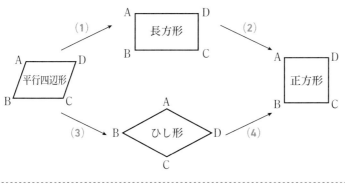

| ア AB＝BC | イ ∠A＝∠B | ウ AC＝BD | エ AC⊥BD |

☐(1)　　　　　　　　　　　☐(2)

☐(3)　　　　　　　　　　　☐(4)

【ひし形】

❽ ▱ABCD の頂点 A から，辺 BC，CD へひいた垂線を AP，AQ とします。AP＝AQ のとき，▱ABCD はひし形であることを証明しなさい。

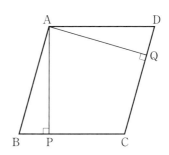

❽

△ABP≡△ADQ を証明する。4つの辺が等しい四角形をひし形という。

❌ ミスに注意

ひし方，長方形，正方形の定義は似ているので注意しよう。

【長方形】

❾ 右の図で，▱ABCD の4つの角の二等分線で囲まれてできる四角形を四角形 EFGH とするとき，次の問いに答えなさい。

☐(1)　∠H の大きさは何度ですか。

☐(2)　四角形 EFGH が長方形であることを証明しなさい。

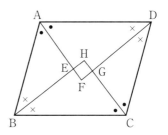

❾

(1)△HBC で，
　　∠HBC＋∠HCB
　　＝$\frac{1}{2}$（∠ABC＋
　　　　　　　∠DCB）

(2)4つの角が等しい四角形を長方形という。

📄 テスト得ダネ

証明では，平行四辺形の3つの性質のほかに「平行四辺形の隣り合う内角の和は180°である」ことにも注意しよう。

【正方形】

❿ 正方形 ABCD の対角線 BD 上の
1 点を E とし，AE の延長と BC
の延長の交点を F とします。こ
のとき，∠EFC＝∠ECD である
ことを証明しなさい。

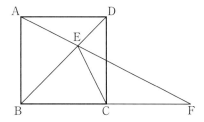

ヒント

❿
△AED≡△CED，
AD∥BF を利用する。

【平行線と面積①】

⓫ 右の図で，四角形 ABCD，四角形 AEBD
は平行四辺形です。次の三角形と面積の
等しい三角形をすべて答えなさい。

(1)　△ABC　（　　　　　　　　　）

(2)　△AEF　（　　　　　　　　　）

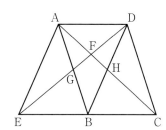

⓫
(1)平行線の間の距離は
一定であることを利
用する。

【平行線と面積②】

⓬ 右の図の直線 ℓ 上に 2 点 F，G
をとり，五角形 ABCDE と面積
が等しい △AFG をかきなさい。

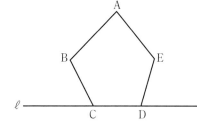

⓬
△ABC＝△AFC とな
る点 F と，
△AED＝△AGD とな
る点 G を直線 ℓ 上に
とる。

【平行線と面積③】

⓭ □ABCD で，点 E，F はそれぞれ辺 AD，
CD 上の点です。
AE：ED＝1：2，CF：FD＝1：1 である
とき，△FBC の面積は，△ABE の面積
の何倍ですか。

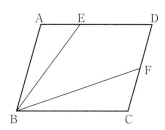

（　　　　　　　　　）

⓭
$\triangle ABE = \frac{1}{3}\triangle ABD$，

$\triangle FBC = \frac{1}{2}\triangle DBC$，

△ABD＝△DBC
である。

Step 3 予想テスト

5章 三角形と四角形

30分　/100点　目標 80点

❶ 次の図で、∠x の大きさを求めなさい。知

☐(1)　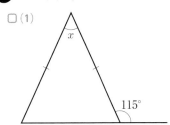

☐(2)　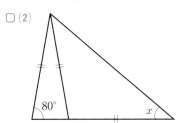

☐(3)　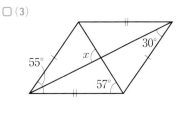

❷ 次のことがらの逆をいいなさい。また、それが正しいかどうかをいいなさい。知

☐(1)　四角形がひし形ならば、その四角形の2つの対角線は垂直に交わっている。

☐(2)　$a>0$，$b>0$ ならば、$a+b>0$ である。

☐(3)　頂角が60°の二等辺三角形は正三角形である。

❸ AB＝AC である二等辺三角形の底辺 BC 上に、BD＝EC となるような点 D，E をとります。このとき、△ADE は二等辺三角形になることを証明しなさい。考

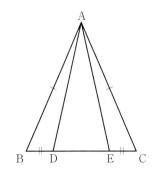

❹ □ABCD の頂点 A，C から対角線 BD に垂線をひき、その交点をそれぞれ E，F とします。
このとき、BE＝DF であることを証明しなさい。考

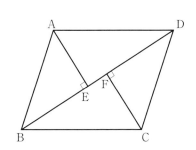

❺ 正方形 ABCD の辺 AB，BC 上に，AE＝BF となる
ような点 E，F をとります。

このとき，∠ECB＝∠FDC であることを証明しな
さい。**考**

20点

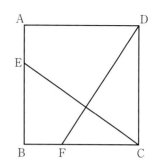

❻ 右の図で，△ABC の辺 AB 上の点 D を通る直線
DC と，それに平行で点 A を通る直線をひき，辺
BC の延長との交点を E とします。

このとき，△ABC と △DBE の面積が等しいことを
証明しなさい。**考**

20点

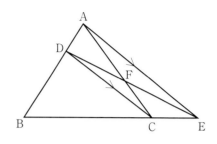

5章

❶	(1)	∠x＝		(2)	∠x＝		(3)	∠x＝
❷	(1)	逆				正しいかどうか		
	(2)	逆				正しいかどうか		
	(3)	逆				正しいかどうか		
❸				❹				
❺				❻				

Step 1　基本チェック　｜　**1節 確率**　15分

教科書のたしかめ　［　］に入るものを答えよう！

❶ 確率の求め方　▶教 p.184-188　Step 2 ❶

解答欄

☐(1)　ジョーカーを除いてよくきった 52 枚 1 組のトランプの中から 1 枚のカードを引くとき，起こりうるすべての場合は ［52］通りある。そのうち，スペード(♠)のカードを引く場合は ［13］通りあるので，スペードのカードを引く確率は $\dfrac{1}{4}$ である。

(1)

☐(2)　正しく作られているトランプからカードを引くとき，52 枚のどのカードが出ることも ［同様に確からしい］。

(2)

❷ いろいろな確率　▶教 p.189-195　Step 2 ❷❸

☐(3)　さいころを続けて 2 回投げるとき，起こりうるすべての場合は ［36］通りある。そのうち，2 回続けて同じ目が出る場合は ［6］通りあるので，同じ目が出る確率は $\dfrac{1}{6}$ である。

(3)

☐(4)　(3)のとき，異なる目が出る確率は，$1-\left[\dfrac{1}{6}\right]=\left[\dfrac{5}{6}\right]$ である。

(4)

教科書のまとめ　　に入るものを答えよう！

☐あることがらの起こりやすさの程度を表す値をそのことがらの起こる 確率 という。

☐さいころを投げたとき，1 から 6 までのどの目が出ることも同じ程度に期待することができる。このような場合を，同様に確からしい という。

☐**確率の求め方**…起こりうるすべての場合が n 通りで，そのどれが起こることも同様に確からしいとする。そのうち，ことがら A が起こる場合が a 通りあるとき，ことがら A の起こる確率 p は，$p=\dfrac{a}{n}$ となる。

☐右のような図を 樹形図 という。

☐あることがらの起こる確率 p のとりうる値の範囲は $0 \leqq p \leqq 1$ となる。

☐(A が起こらない確率)＝ 1 －(A が起こる確率)

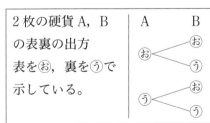

2 枚の硬貨 A，B の表裏の出方表を㊙，裏を㊅で示している。

Step 2 予想問題　**1節 確率**

1ページ
30分

【確率の求め方】

❶ 次の問いに答えなさい。

□(1)　1つのさいころを投げるとき，2以上の目が出る確率を求めなさい。

□(2)　52枚1組のトランプの中から1枚のカードをひくとき，それが3以下のカードである確率を求めなさい。（　　　　）

□(3)　袋の中に，同じ大きさの白玉が3個，赤玉が5個入っています。この袋の中から1個の玉を取り出すとき，それが白玉である確率を求めなさい。（　　　　）

【いろいろな確率①】

❷ 3枚の硬貨 A，B，C を同時に投げます。次の問いに答えなさい。

□(1)　起こりうるすべての場合は何通りですか。下の樹形図を完成させて答えなさい。ただし，表を㋩，裏を㋒と表すものとします。

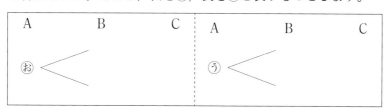

□(2)　3枚とも裏となる確率を求めなさい。（　　　　）

□(3)　1枚が表で，2枚が裏となる確率を求めなさい。

【いろいろな確率②】

❸ 2個のさいころ A，B を同時に投げます。このとき，次の問いに答えなさい。

□(1)　出る目の数の和が8である確率を求めなさい。

□(2)　出る目の数の和が5以下である確率を求めなさい。

□(3)　2個とも偶数の目が出る確率を求めなさい。

❶

起こりうるすべての場合が n 通り，A が起こる場合を a 通りとすると，A が起こる確率 p は，

$$p = \frac{a}{n}$$

ただし，起こりうるすべてのことが同様に確からしいとする。

❷

(2)，(3)については，(1)でかいた樹形図より考える。

❸

2つのさいころを同時に投げるとき，その目の出方は36通りある。

⊗ ミスに注意
「5以下」は「5」もふくまれる。

Step 3　予想テスト　6章 確率

30分　　/50点　目標 30点

❶ A，B，C，D の 4 人がリレーをします。A が先頭で走るとすると，走る順は何通りですか。樹形図をかいて求めなさい。[知]

❷ ①から⑨までの 9 枚のカードをよく切って 2 枚続けて引きます。1 枚目のカードを十の位の数に，2 枚目のカードを一の位の数にして，2 桁の自然数をつくります。このとき，次の問いに答えなさい。[知]

(1)　自然数は何通りできますか。
(2)　奇数になる確率を求めなさい。
(3)　5 の倍数になる確率を求めなさい。
(4)　20 以上の数になる確率を求めなさい。

❸ 5 本のうち 2 本が当たりであるくじを，A，B，C の 3 人がこの順に 1 本ずつ引きます。引いたくじはもとに戻さないものとするとき，次の問いに答えなさい。[知]

(1)　A が当たる確率を求めなさい。
(2)　B が当たる確率を求めなさい。
(3)　3 人とも当たらない確率を求めなさい。
(4)　少なくとも 1 人が当たる確率を求めなさい。

❶		樹形図		
❷	(1)	(2)	(3)	(4)
❸	(1)	(2)	(3)	(4)

❶ ／10点　❷ ／20点　❸ ／20点

［解答 ▶ p.26］

Step 1　基本チェック　1節 データの散らばり　2節 データの活用　15分

教科書のたしかめ　[ ]に入るものを答えよう！

1節 ❶ 四分位数と四分位範囲　▶ 教 p.204-208　Step 2 ❶

解答欄

□(1)　データを小さい順に並べたとき，それを4等分する位置にある値を，[四分位数]という。

(1)

□(2)　四分位数には3つあり，小さい順に[第1]四分位数，[第2]四分位数，[第3]四分位数という。

(2)

□(3)　第2四分位数は，[中央値]のことである。

(3)

□(4)　四分位数を求めるには，まず，データを[小さい]順に並べ，半分に分ける。データの個数が奇数のときは，[中央値]を除いて2つに分ける。

(4)

□(5)　(4)で2つに分けた，[小さい]ほうの半分のデータの中央値を第1四分位数，[大きい]ほうの半分のデータの中央値を第3四分位数という。

(5)

□(6)　第3四分位数から第1四分位数をひいた値を[四分位範囲]といい，この区間には全体のほぼ[半分]のデータが入っている。

(6)

1節 ❷ 箱ひげ図　▶ 教 p.209-213　Step 2 ❷-❹

□(7)　データの分布を示すために，最小値，[最大値]，四分位数を使ってかく図を[箱ひげ図]という。

(7)

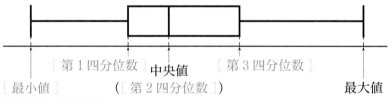

[第1四分位数]　中央値　[第3四分位数]
[最小値]　([第2四分位数])　最大値

2節 ❸ データの活用　▶ 教 p.214-216　Step 2 ❺❻

教科書のまとめ　　に入るものを答えよう！

□ データを小さい順に並べたとき，それを 4等分 する位置の値を 四分位数 という。

□ 四分位数は 小さい 順に，第1四分位数，第2四分位数，第3四分位数という。

□ 第2 四分位数のことを中央値ともいう。

□ (四分位範囲)＝(第3 四分位数)－(第1 四分位数)

□ 最小値 ，最大値 ，四分位数 を使ってかいた図を箱ひげ図という。

Step 2　予想問題　1節 データの散らばり／2節 データの活用

1ページ 30分

【四分位数と四分位範囲】

❶ 下の図は，19人のテストの点数を小さい順に並べたものです。この
□　データの第1四分位数，第2四分位数，第3四分位数を求めて，四
分位範囲を答えなさい。

> 24, 33, 42, 45, 47, 51, 54, 56, 56, 58,
> 60, 60, 62, 64, 64, 74, 78, 84, 92 （点）

第1四分位数　　　　　　　　第2四分位数

第3四分位数　　　　　　　　四分位範囲

ヒント

❶
小さい方から数えて
10番目が第2四分位数。
このデータを除いて9
個ずつに分ける。
（四分位範囲）
＝（第3四分位数）
　－（第1四分位数）

【箱ひげ図①】

❷ 下の図は，あるクラスの生徒の家庭学習の時間を調べて，その結果を
□　箱ひげ図に表したものです。この図から，第1四分位数，第2四分
位数，第3四分位数を求めて，四分位範囲を答えなさい。

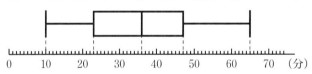

第1四分位数　　　　　　　　第2四分位数

第3四分位数　　　　　　　　四分位範囲

❷
両端のひげの部分は，
最小値と最大値。箱の
両端が第1四分位数と
第3四分位数で，その
差を四分位範囲という。

【箱ひげ図②】

❸ 次のデータは，あるクラスの男子生徒24人の反復横跳びの記録を並
□　べたものです。このデータについて，箱ひげ図をかきなさい。

> 40, 51, 34, 45, 52, 46, 43, 37, 40, 35, 56, 33,
> 46, 32, 39, 52, 45, 39, 41, 53, 48, 41, 36, 50 （回）

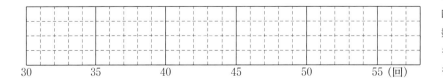

❸
まず，データを小さい
順に並べる。
データの個数は偶数な
ので，第2四分位数は
12番目と13番目の
データの平均値，第1
四分位数と第3四分位
数も，それぞれデータ
を半分に分けた中央値
を平均値で求める。

［解答 ▶ p.27］

【箱ひげ図③】

❹ 右の箱ひげ図に対応するヒストグラムを A〜C から記号で選びなさい。

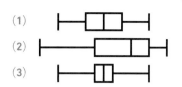

❹
(1)と(3)はともに左右対称の形をしているが，箱が小さいほどその中にデータが集中していることを表している。

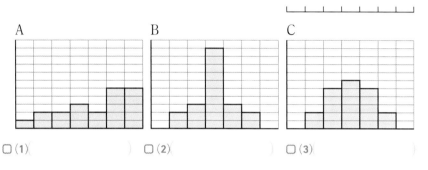

A　　　　　　　　B　　　　　　　　C

□(1)　　　　　　　)　□(2)　　　　　　　)　□(3)　　　　　　　)

【データの活用①】

❺ 下の箱ひげ図は，1組と2組のそれぞれ20人が受けたテストの結果
□ を表しています。この箱ひげ図から読み取れることとして正しいものをすべて答えなさい。

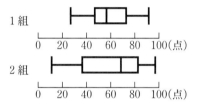

① 1組より2組のほうが四分位範囲が大きい。

② 2組で60点以上の生徒は10人以上いる。

③ どちらの組も40点以上の生徒は15人以上いる。

（　　　　　　　　　）

❺
20人を4等分して考えればよい。第1四分位数が1組は40点以上なので15人以上いると考えられる。

【データの活用②】

❻ 下の図は，1組から5組の生徒それぞれ40人の50m走の記録を箱ひげ図にまとめたものです。次の(1)〜(4)にあてはまる組をそれぞれ答えなさい。

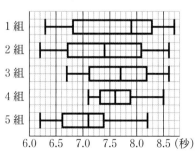

□(1)　7秒未満の生徒がいない。

（　　　　　　）

□(2)　8秒以上の生徒が10人以上いる。

（　　　　　　）

□(3)　7.5秒以上の生徒が半数以上いる。

（　　　　　　）

□(4)　四分位範囲は1秒以上である。

（　　　　　　）

❻
40人を4等分して考えればよい。
(4)箱の横の長さが1秒以上の組を見つける。

Step 3 **予想テスト**　　**7章 データの分析** 　30分　／50点　目標 40点

❶ 次のデータは，あるクラスの生徒 23 人が受けた小テスト 50 問の得点をまとめたものです。このデータについて次の問いに答えなさい。**知**

> 35, 24, 40, 33, 12, 20, 7, 40, 28, 35, 17, 42,
> 26, 36, 30, 22, 19, 37, 29, 48, 30, 45, 35　（点）

☐ (1)　最大値，最小値，範囲を求めなさい。

☐ (2)　四分位数を求めなさい。

☐ (3)　箱ひげ図をかきなさい。

☐ (4)　四分位範囲を求めなさい。

❷ 下の図は，1 組から 4 組の生徒それぞれ 24 人がバスケットボールのシュートを 10 回ずつ投げて，入った回数を箱ひげ図にまとめたものです。この箱ひげ図から読み取れることとして正しいものを，①〜④からすべて選び記号で答えなさい。**考**

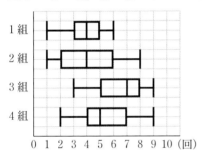

① 3 組と 4 組はともに，4 回以上入った生徒は 18 人以上いる。

② どの組にもちょうど 3 回入った生徒は必ず 1 人はいる。

③ 2 組と 4 組の範囲は同じである。

④ 3 組と 4 組の四分位範囲は同じである。

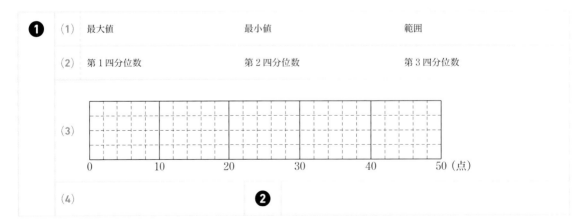

❶ (1)　最大値　　　　　　　　　最小値　　　　　　　　　範囲

(2)　第 1 四分位数　　　　　　第 2 四分位数　　　　　　第 3 四分位数

(3)

(4)　　　　　　　　　　　　❷

❶ ／40点　❷ ／10点　　　　　　　　　　　　　　　　　　　　［解答 ▶ p.28]

テスト前 ☑ やることチェック表

① まずはテストの目標をたてよう。頑張ったら達成できそうなちょっと上のレベルを目指そう。
② 次にやることを書こう（「ズバリ英語○ページ，数学○ページ」など）。
③ やり終えたら□に✔を入れよう。
　最初に完ぺきな計画をたてる必要はなく，まずは数日分の計画をつくって，
　その後追加・修正していっても良いね。

目標

	日付	やること1	やること2
2週間前	／	☐	☐
	／	☐	☐
	／	☐	☐
	／	☐	☐
	／	☐	☐
	／	☐	☐
	／	☐	☐
1週間前	／	☐	☐
	／	☐	☐
	／	☐	☐
	／	☐	☐
	／	☐	☐
	／	☐	☐
	／	☐	☐
テスト期間	／	☐	☐
	／	☐	☐
	／	☐	☐
	／	☐	☐
	／	☐	☐

テスト前 ☑ やることチェック表

① まずはテストの目標をたてよう。頑張ったら達成できそうなちょっと上のレベルを目指そう。
② 次にやることを書こう（「ズバリ英語○ページ，数学○ページ」など）。
③ やり終えたら□に✓を入れよう。
　最初に完ぺきな計画をたてる必要はなく，まずは数日分の計画をつくって，
　その後追加・修正していっても良いね。

	目標

	日付	やること1	やること2
2週間前	／	☐	☐
	／	☐	☐
	／	☐	☐
	／	☐	☐
	／	☐	☐
	／	☐	☐
	／	☐	☐
1週間前	／	☐	☐
	／	☐	☐
	／	☐	☐
	／	☐	☐
	／	☐	☐
	／	☐	☐
	／	☐	☐
テスト期間	／	☐	☐
	／	☐	☐
	／	☐	☐
	／	☐	☐
	／	☐	☐

教育出版版 数学 2 年 | 定期テスト ズバリよくでる | **解答集**

1章 式の計算

1節 式の計算

p.3-5 **Step ②**

❶ (1) 多項式　　項…$-3x$，$4y$，-5

　(2) 単項式

解き方 (1) 項が 3 つあるので多項式。

❷ (1) 2 次式　　　　(2) 2 次式

　(3) 1 次式　　　　(4) 2 次式

解き方 (3)，(4) 次数の最も大きい項の次数となる。

❸ (1) $2a+2b$　　　　(2) x^2-7x+7

　(3) $-3ab+5b+9$

解き方 (1) $4a+3b-2a-b$
$$=4a-2a+3b-b$$
$$=2a+2b \qquad \text{同類項をまとめる。}$$
(2) $3x^2-10x+7-2x^2+3x$
$$=3x^2-2x^2-10x+3x+7$$
$$=x^2-7x+7$$
(3) $-5ab-b+2ab+6b+9=-3ab+5b+9$

❹ (1) $10x-6$　　　　(2) $6a-9b$

　(3) $6a^2+5ab$　　　(4) $-2x^2+xy+4y^2$

　(5) $12x-4y$　　　　(6) $6a^2+2ab-9b^2$

解き方 (1)〜(4) かっこの前が＋だから，かっこをそのままはずして計算する。

(2) $(2a-3b)+(4a-6b)$
$$=2a-3b+4a-6b$$
$$=6a-9b \qquad \text{同類項をまとめる。}$$

❺ (1) $5x-6$　　　　(2) $2a+6b$

　(3) $5x^2+8x-3y$　　(4) $a^2+4ab-9b^2$

　(5) $-2x+7y$　　　　(6) $5a^2+5ab-5b^2$

解き方 (1)〜(4) かっこの前が－だから，各項の符号を変えてかっこをはずしてから計算する。

(2) $(8a+2b)-(6a-4b)$
$$=8a+2b-6a+4b=2a+6b$$

❻ (1) $6x+9y$　　　　(2) $a-\dfrac{5}{2}b$

　(3) $18x-8y$　　　(4) $-2a+6b-8$

解き方 (2) $(2a-5b)\times\dfrac{1}{2}$　分配法則を使う。
$$=2a\times\dfrac{1}{2}-5b\times\dfrac{1}{2}=a-\dfrac{5}{2}b$$
(3) $12\left(\dfrac{3}{2}x-\dfrac{2}{3}y\right)=12\times\dfrac{3}{2}x-12\times\dfrac{2}{3}y$
$$=18x-8y$$
(4) $-2(a-3b+4)$
$$=-2\times a-(-2)\times3b+(-2)\times4$$
$$=-2a+6b-8$$

❼ (1) $2a+b$　　　　(2) $-x+2y$

　(3) $a+2b$　　　　(4) $5x-7y+2$

解き方 分数の形にするか，わる数を逆数にしてかける。

(1) $(4a+2b)\div2=\dfrac{4a+2b}{2}=2a+b$

または，$(4a+2b)\div2=(4a+2b)\times\dfrac{1}{2}$
$$=4a\times\dfrac{1}{2}+2b\times\dfrac{1}{2}=2a+b$$
(2) $(6x-12y)\div(-6)=\dfrac{6x-12y}{-6}$
$$=-x+2y$$
(3) $(-9a-18b)\div(-9)=\dfrac{-9a-18b}{-9}$
$$=a+2b$$
(4) $(15x-21y+6)\div3=\dfrac{15x-21y+6}{3}$
$$=5x-7y+2$$

❽ (1) $15x+10y$　　　　　(2) $-4a+18b$

　　(3) $8a-9b+8$　　　　(4) $-5x+12y-2$

解き方 (1) $7(x+2y)+4(2x-y)$

$=7x+14y+8x-4y$

$=15x+10y$

(2) $3(2a+4b)-2(5a-3b)$

$=6a+12b-10a+6b$

$=-4a+18b$

(3) $-2(2a-3b-1)+3(4a-5b+2)$

$=-4a+6b+2+12a-15b+6$

$=8a-9b+8$

(4) $3(x+4y-2)-4(2x-1)$

$=3x+12y-6-8x+4$

$=-5x+12y-2$

❾ (1) $\dfrac{21x-10y}{6}$　　　(2) $\dfrac{-17a+4b}{15}$

解き方 通分して，1つの分数にまとめる。

(1) $\dfrac{3x-2y}{2}+\dfrac{6x-2y}{3}$

$=\dfrac{3(3x-2y)}{6}+\dfrac{2(6x-2y)}{6}$

$=\dfrac{3(3x-2y)+2(6x-2y)}{6}$

$=\dfrac{9x-6y+12x-4y}{6}=\dfrac{21x-10y}{6}$

(2) $\dfrac{a-7b}{5}-\dfrac{4a-5b}{3}$

$=\dfrac{3(a-7b)}{15}-\dfrac{5(4a-5b)}{15}$

$=\dfrac{3(a-7b)-5(4a-5b)}{15}$

$=\dfrac{3a-21b-20a+25b}{15}=\dfrac{-17a+4b}{15}$

❿ (1) $5ab$　　　(2) $-12xy$　　　(3) $-2xy$

　　(4) $-12x^2$　　(5) $-a^2b$　　(6) $-\dfrac{1}{4}x^2y^2$

　　(7) $-a$　　　(8) $-12x$　　　(9) $-\dfrac{5}{4}a$

解き方 (2) $(-3x)\times4y=(-3)\times4\times x\times y$

$=-12xy$

(5) $(-a^2)\times b=(-1)\times a\times a\times b=-a^2b$

(6) $-4xy\times\dfrac{1}{16}xy=(-4)\times\dfrac{1}{16}\times x\times x\times y\times y$

$=-\dfrac{1}{4}x^2y^2$

(7) $4a^2b\div(-4ab)=\dfrac{4\times a\times a\times b}{(-4)\times a\times b}$

$=-a$

(8) $-8xy\div\dfrac{2}{3}y=-8xy\div\dfrac{2y}{3}$

$=-8xy\times\dfrac{3}{2y}=\dfrac{-8\times x\times y\times3}{2\times y}$

$=-12x$

(9) $\dfrac{5}{6}ab^2\div\left(-\dfrac{2}{3}b^2\right)=\dfrac{5}{6}ab^2\div\left(-\dfrac{2b^2}{3}\right)$

$=\dfrac{5}{6}ab^2\times\left(-\dfrac{3}{2b^2}\right)$

$=-\dfrac{5\times a\times b\times b\times3}{6\times2\times b\times b}$

$=-\dfrac{5}{4}a$

⓫ (1) $-6ab$　　　　　(2) $-2y$

解き方 符号を先に決めてから計算する。

(1) $12a^2b\div4a^2\times(-2a)$

$=-\dfrac{12a^2b\times2a}{4a^2}$

$=-\dfrac{12\times a\times a\times b\times2\times a}{4\times a\times a}$

$=-6ab$

(2) $(-16xy)\times4xy\div32x^2y$

$=-\dfrac{16xy\times4xy}{32x^2y}$

$=-\dfrac{16\times x\times y\times4\times x\times y}{32\times x\times x\times y}$

$=-2y$

⓬ (1) 16　　　　　　　(2) 36

解き方 式を簡単にしてから数を代入する。

(1) $3(4x+3y)-2(x-7y)$

$=12x+9y-2x+14y$

$=10x+23y$

$=10\times(-3)+23\times2$　　$\begin{array}{l}x=-3,\ y=2\\ を代入する。\end{array}$

$=16$

(2) $12xy^2\div4xy\times(-2x)$

$=-\dfrac{12xy^2\times2x}{4xy}$

$=-6xy$　　$\begin{array}{l}x=-3,\ y=2\\ を代入する。\end{array}$

$=-6\times(-3)\times2$

$=36$

2節 式の活用

p.7 **Step ❷**

❶ 小さいほうの奇数を $2n-1$ と表すから，大きいほうの奇数は $2n-1+2=2n+1$ と表すことができる。したがって，2つの数の和は
$$(2n-1)+(2n+1)=2n+2n-1+1$$
$$=4n$$
n は整数だから，$4n$ は 4 の倍数である。
したがって，連続する 2 つの奇数の和は，4 の倍数である。

解き方 連続する奇数と偶数は $2n-1$，$2n$ と表すことができる。連続する奇数は，小さいほうの数を $2n-1$ とおくと，次の数はそれより 2 大きいから
$(2n-1)+2=2n+1$ より，$2n-1$，$2n+1$ と表すことができる。

❷ 2桁の自然数の十の位の数を x，一の位の数を y とすると，
もとの自然数は　　　　$10x+y$
入れかえてできる数は　$10y+x$
と表すことができる。
この 2 つの数の差は，
$$(10x+y)-(10y+x)=9x-9y$$
$$=9(x-y)$$
$x>y$ だから，$x-y$ は自然数で，$9(x-y)$ は 9 の倍数である。
したがって，十の位の数が一の位の数より大きい 2 桁の自然数から，その数の十の位の数と一の位の数を入れかえてできる数をひくと，9 の倍数になる。

解き方 自然数や整数を表すとき，それぞれの位の数を x，y，z，……などとして，2 桁の自然数は $10x+y$，3 桁の自然数は $100x+10y+z$ などと表すことができる。

❸ 最も小さい整数を n とすると，連続する 4 つの整数は，n，$n+1$，$n+2$，$n+3$ と表すことができる。したがって，4 つの数の和は，
$$n+(n+1)+(n+2)+(n+3)=4n+6$$
$$=2(2n+3)$$
$2n+3$ は整数だから，$2(2n+3)$ は偶数である。したがって，連続する 4 つの整数の和は偶数である。

解き方 偶数であることを説明するためには，計算した結果が $2\times($整数$)$ の形になっていることを示せばよい。$2n+3$ は整数 n を使った式なので整数である。よって，$2(2n+3)$ は偶数といえる。

❹ (1) $r=\dfrac{\ell}{2\pi}$　　　　(2) $h=\dfrac{2V}{\pi r^2}$

(3) $b=2m-a$　　　　(4) $b=\dfrac{a-r}{3}$

解き方 (1) $\ell=2\pi r$　　　左辺と右辺を入れかえる。
$\quad\quad\quad 2\pi r=\ell$
$\quad\quad\quad\quad r=\dfrac{\ell}{2\pi}$　　両辺を 2π でわる。

(3) $m=\dfrac{a+b}{2}$
$\quad 2m=a+b$　　　両辺を 2 倍する。
$\quad -b=-2m+a$　　$2m$ と b を移項する。
$\quad\quad b=2m-a$　　両辺に -1 をかける。

3

p.8-9 **Step ③**

❶ (1) 単項式 ⑦, ⑦　多項式 ⑦, ㋤
　 (2) ① 2次式　② 3次式

❷ (1) $-2x+2y$　(2) $3x^2-4x$

❸ (1) $6x-4y$　(2) $-a^2-7a+6$　(3) $9x^2+2$
　 (4) $a+14b-14$

❹ (1) $12x-6y$　(2) $4a+2b$　(3) $17x-7y$
　 (4) $-4x+3y$　(5) $5x^2+4x+2$　(6) $\dfrac{5a-18b}{12}$

❺ (1) $24ab$　(2) $-6xy$　(3) $100x^4$
　 (4) $-8b$　(5) $-4y^2$　(6) $-ab^2$

❻ (1) 81　(2) -72

❼ 2桁の自然数は，$10x+y$　と表される。
　 $10x+y=9x+(x+y)$　$x+y$ は9の倍数だから，
　 整数 z を使って $x+y=9z$ と表すと，
　 $9x+9z=9(x+z)$　$x+z$ は整数だから，
　 $10x+y$ は9の倍数である。

❽ (1) $2\pi r+2x=200$　(2) $x=100-\pi r$

解き方

❶ (2) かけ合わされている文字の個数で次数がわかる。
　　多項式では，その中で最も大きい次数がその式の
　　次数である。
　　② $\dfrac{1}{3}abc \to 3$ 次，$a^2 \to 2$ 次だから，次数は3。

❷ (1) $3x-2y+4y-5x$
　　$=3x-5x-2y+4y$
　　$=-2x+2y$
　 (2) $-x^2+2x+4x^2-6x$
　　$=-x^2+4x^2+2x-6x$
　　$=3x^2-4x$

❸ 多項式の加法は，すべての項を加えて，同類項を
　 まとめる。減法はひく式の各項の符号を変えてす
　 べての項を加える。
　 (2) $(a^2-3a+1)-(2a^2+4a-5)$
　　$=a^2-3a+1-2a^2-4a+5$
　　$=a^2-2a^2-3a-4a+1+5$
　　$=-a^2-7a+6$

　 (3)
$$\begin{array}{r} 3x^2 \quad +2x \quad -1 \\ +)\ 6x^2 \quad -2x \quad +3 \\ \hline 9x^2 \qquad\qquad +2 \end{array}$$
　　同類項ごとに
　　縦に計算します。
　　$(2x-2x=0$　0 は書かない$)$

❹ 分配法則を使って計算する。
　 (4) $(-12x+9y)\div 3=(-12x+9y)\times\dfrac{1}{3}$
　　$=\dfrac{-12x}{3}+\dfrac{9y}{3}=-4x+3y$

　 分数の形にして計算することもできる。
　 (6) $\dfrac{3a-2b}{4}-\dfrac{a+3b}{3}=\dfrac{3(3a-2b)-4(a+3b)}{12}$
　　$=\dfrac{9a-6b-4a-12b}{12}=\dfrac{5a-18b}{12}$

❺ 単項式どうしの乗法は，係数の積に文字の積をか
　 ける。
　 (2) $\left(-\dfrac{3}{5}x\right)\times 10y=-\dfrac{3}{5}\times 10\times x\times y=-6xy$
　 (3) $4x^2\times(-5x)^2=4x^2\times(-5x)\times(-5x)$
　　$=4\times(-5)\times(-5)\times x^2\times x\times x=100x^4$
　 (4) $24ab^2\div(-3ab)=-\dfrac{24\times a\times b\times b}{3\times a\times b}=-8b$
　 (6) $4ab^2\div 8ab\times(-2ab)=4ab^2\times\dfrac{1}{8ab}\times(-2ab)$
　　$=-\dfrac{4\times a\times b\times b\times 1\times 2\times a\times b}{8\times a\times b}=-ab^2$

❻ 式を簡単にしてから代入する。
　 (1) $5(x+2y)-4(5x-2y)$
　　$=-15x+18y$　← $x=-3$，$y=2$ を代入
　　$=-15\times(-3)+18\times 2=81$
　 (2) $8x^2y\div 4xy\times 3y^2=\dfrac{8x^2y\times 3y^2}{4xy}$
　　$=6xy^2$　← $x=-3$，$y=2$ を代入
　　$=6\times(-3)\times 2^2=-72$

❼ 9の倍数であることは，9×(整数) であることを示
　 せばよい。十の位の数と一の位の数の和が9の倍
　 数であることも，同様に 9×(整数) になるように
　 表す。

❽ 文字を使って，周の長さを表す等式をつくってか
　 ら，式を変形する。半円の部分を2つ合わせると
　 1つの円になる。
　 (1) 2つの半円を合わせた円周の長さは，
$$2\times\pi\times r=2\pi r\,(\text{m})$$
　　直線部分は AB の2倍になるので，$2x\,(\text{m})$
　　合わせて，$2\pi r+2x=200$
　 (2) x について解くと，$2x=200-2\pi r$
　 両辺を2でわって，
　 $x=100-\pi r$

2章 連立方程式

1節 連立方程式とその解き方

p.11-12　Step ❷

❶ (1) $x=4$, $y=2$　　$x=5$, $y=4$
　　　$x=6$, $y=6$

　(2) $x=3$, $y=3$　　$x=6$, $y=2$

解き方 表をつくって, 式を成り立たせる x, y の値の組を考えるとわかりやすくなる。

(1)

x	1	2	3	4	5	6	7
y	-4	-2	0	2	4	6	8

❷ (1) $x=2$, $y=3$　　　(2) $x=1$, $y=2$

　(3) $x=35$, $y=18$　　(4) $x=1$, $y=2$

　(5) $x=2$, $y=-1$　　(6) $x=-1$, $y=-2$

解き方 (1)〜(3) x か y のどちらかの係数の絶対値が等しいとき, 左辺どうし, 右辺どうしをそのまま加えたりひいたりする。

(4)〜(6) それぞれの式または一方の両辺を何倍かして, どちらかの係数の絶対値をそろえてから求める。

(2) $\begin{cases} 2x+3y=8 & \cdots\cdots① \\ 2x-3y=-4 & \cdots\cdots② \end{cases}$

$$\begin{array}{r} 2x+3y=8 \\ +)\ 2x-3y=-4 \\ \hline 4x\quad\ =4 \\ x=1 \end{array}$$

$x=1$ を①に代入すると,

　　$2\times1+3y=8$
　　　　　　$y=2$

(①$-$②で, x を消去してもよい。)

(4) $\begin{cases} 3x-y=1 & \cdots\cdots① \\ x+2y=5 & \cdots\cdots② \end{cases}$

$①\times2$　　$6x-2y=2$
$②$　　　　$+)\ \ x+2y=5$
　　　　　　$\overline{\ 7x\quad\ =7\ }$
　　　　　　　　　$x=1$

$x=1$ を①に代入すると,

　　$3\times1-y=1$
　　　　　　$y=2$

(5) $\begin{cases} 3x-4y=10 & \cdots\cdots① \\ 4x+3y=5 & \cdots\cdots② \end{cases}$

$①\times3$　　　$9x-12y=30$
$②\times4$　　$+)\ 16x+12y=20$
　　　　　　$\overline{\ 25x\qquad=50\ }$
　　　　　　　　　$x=2$

$x=2$ を②に代入すると,

　　$4\times2+3y=5$　　$3y=-3$
　　　　　　　　　　　$y=-1$

(6) $\begin{cases} 5x-3y=1 & \cdots\cdots① \\ 3x-7y=11 & \cdots\cdots② \end{cases}$

$①\times7$　　$35x-21y=7$
$②\times3$　$-)\ 9x-21y=33$
　　　　　$\overline{\ 26x\qquad=-26\ }$
　　　　　　　$x=-1$

$x=-1$ を①に代入すると,

　　$5\times(-1)-3y=1$　　$-3y=6$
　　　　　　　　　　　　　$y=-2$

❸ (1) $x=2$, $y=5$　　　(2) $x=-1$, $y=2$

　(3) $x=3$, $y=1$　　　(4) $x=3$, $y=\dfrac{1}{2}$

解き方 一方の式を他方の式に代入する。

(1) $\begin{cases} x=y-3 & \cdots\cdots① \\ y=2x+1 & \cdots\cdots② \end{cases}$

①を②に代入すると,

　　$y=2(y-3)+1$
　　$y=2y-6+1$
　　$y=5$

$y=5$ を①に代入すると,

　　$x=5-3=2$

(②を①に代入してもよい。)

(2) $\begin{cases} 3x+2y=1 & \cdots\cdots① \\ y=x+3 & \cdots\cdots② \end{cases}$

②を①に代入すると,

　　$3x+2(x+3)=1$
　　　　$5x+6=1$
　　　　　$x=-1$

$x=-1$ を②に代入すると,

　　$y=-1+3=2$

❹ (1) $x=-1$, $y=1$ (2) $x=3$, $y=1$

解き方 かっこをふくむ連立方程式は，かっこをはずして整理してから解く。

(1) $\begin{cases} 2x-y=-3 & \cdots\cdots ① \\ 3x-(y+2)=-6 & \cdots\cdots ② \end{cases}$

②のかっこをはずして整理すると，

$$3x-y=-4 \quad \cdots\cdots ②'$$

$\begin{array}{rl} ① & 2x-y=-3 \\ ②' & -)\ 3x-y=-4 \\ \hline & -x=1 \\ & x=-1 \end{array}$

$x=-1$ を①に代入すると，

$$2\times(-1)-y=-3$$
$$y=1$$

(2) $\begin{cases} 2x-5y=1 & \cdots\cdots ① \\ 3(2x-3y)-2y=7 & \cdots\cdots ② \end{cases}$

②のかっこをはずして整理すると，

$$6x-11y=7 \quad \cdots\cdots ②'$$

$\begin{array}{rl} ①\times 3 & 6x-15y=3 \\ ②' & -)\ 6x-11y=7 \\ \hline & -4y=-4 \\ & y=1 \end{array}$

$y=1$ を①に代入すると，

$$2x-5\times 1=1$$
$$x=3$$

❺ (1) $x=2$, $y=1$ (2) $x=4$, $y=-1$

(3) $x=-8$, $y=6$ (4) $x=\dfrac{2}{3}$, $y=5$

解き方 係数に小数があるときは，両辺を 10 倍，100 倍して，係数に分数があるときは，分母の最小公倍数をかけて，係数を整数にしてから計算する。

(1) $\begin{cases} 3x+2y=8 & \cdots\cdots ① \\ 0.3x-0.1y=0.5 & \cdots\cdots ② \end{cases}$

$\begin{array}{rl} ① & 3x+2y=8 \\ ②\times 10 & -)\ 3x-y=5 \\ \hline & 3y=3 \\ & y=1 \end{array}$

$y=1$ を①に代入すると，

$$3x+2\times 1=8$$
$$x=2$$

(2) $\begin{cases} 0.7x+0.3y=2.5 & \cdots\cdots ① \\ 4x-10y=26 & \cdots\cdots ② \end{cases}$

①の両辺を 10 倍すると，

$$7x+3y=25 \quad \cdots\cdots ①'$$

$\begin{array}{rl} ①'\times 10 & 70x+30y=250 \\ ②\times 3 & +)\ 12x-30y=78 \\ \hline & 82x=328 \\ & x=4 \end{array}$

$x=4$ を②に代入すると，

$$4\times 4-10y=26$$
$$y=-1$$

(3) $\begin{cases} 4x+3y=-14 & \cdots\cdots ① \\ \dfrac{1}{2}x+\dfrac{1}{3}y=-2 & \cdots\cdots ② \end{cases}$

②の両辺に 6 をかけると，

$$3x+2y=-12 \quad \cdots\cdots ②'$$

$\begin{array}{rl} ①\times 2 & 8x+6y=-28 \\ ②'\times 3 & -)\ 9x+6y=-36 \\ \hline & -x=8 \\ & x=-8 \end{array}$

$x=-8$ を①に代入すると，

$$4\times(-8)+3y=-14$$
$$y=6$$

❻ (1) $x=3$, $y=-2$ (2) $x=1$, $y=\dfrac{1}{3}$

解き方 $A=B=C$ の形の式は，

$\begin{cases} A=B \\ B=C \end{cases}$ $\begin{cases} A=B \\ A=C \end{cases}$ $\begin{cases} A=C \\ B=C \end{cases}$ のいずれかにして解く。

(1) $\begin{cases} 4x-5y=22 & \cdots\cdots ① \\ 8x+y=22 & \cdots\cdots ② \end{cases}$

の連立方程式として解くと，$x=3$, $y=-2$

(2) $\begin{cases} 3x+4y=x+7y+1 & \cdots\cdots ① \\ 3x+4y=6x+10y-5 & \cdots\cdots ② \end{cases}$

①，②の式を整理して解くと，

$\begin{cases} 2x-3y=1 & \cdots\cdots ①' \\ 3x+6y=5 & \cdots\cdots ②' \end{cases}$

$$x=1, \quad y=\dfrac{1}{3}$$

2節 連立方程式の活用

p.14-15 **Step 2**

❶ 蛍光ペン…6本
　ボールペン…4本

解き方 1本80円の蛍光ペンをx本，1本120円の
ボールペンをy本とすると，

　　ペンの本数から　　$x+y=10$　　　　　　……①
　　代金の合計から　　$80x+120y=1000-40$　……②
　②を整理すると，
　　　　$2x+3y=24$　　　　　　　……②′
　①×3−②′より，$x=6$
　①に代入すると，$y=4$

蛍光ペン6本，ボールペン4本は，問題に適している。

❷ 84

解き方 2けたの自然数の十の位の数をx，一の位の
数をyとすると，もとの自然数は，$10x+y$と表される。
　　　　$10x+y=7(x+y)$　　　……①

入れかえてできた自然数は，$10y+x$と表される。
　　　　$10y+x=10x+y-36$　……②
　①を整理すると，
　　　　　$3x-6y=0$
　　　　　$x-2y=0$　　　　　　……①′
　②を整理すると，
　　　　$-9x+9y=-36$
　　　　　$x-y=4$　　　　　　……②′
　②′−①′より，　　　　$y=4$
　①′に代入すると，　　　$x-2\times4=0$
　　　　　　　　　　　　　　$x=8$

$x=8$，$y=4$より，もとの自然数は84となり，問題
に適している。

❸ 大人1人…1000円　　中学生1人…600円

解き方 大人1人の入館料をx円，中学生1人の入
館料をy円とすると，

$$\begin{cases} 2x+6y=5600 & ……① \\ 3x+4y=5400 & ……② \end{cases}$$

　①×3−②×2より，$10y=6000$　　$y=600$

　$y=600$を①に代入すると，
　　　$2x+6\times600=5600$
　　　　　　　　$x=1000$

大人1人1000円，中学生1人600円は問題に適して
いる。

❹ 時速4kmで歩いた道のり … 12km
　時速3kmで歩いた道のり … 3km

解き方 下の図のように，1周15kmのハイキング
コースを時速4kmで歩いた道のりを$x$km，時速
3kmで歩いた道のりを$y$kmとすると，

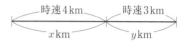

$$\begin{cases} x+y=15 \\ \dfrac{x}{4}+\dfrac{y}{3}=4 \end{cases}$$ これを解くと，$x=12$，$y=3$

したがって，時速4kmで歩いた道のりは12kmで，
時速3kmで歩いた道のりは3km。これは問題に適
している。

❺ 長さ…125m　　速さ…秒速15m

解き方 電車の長さをxm，速さを秒速ymとすると，
下の図のようになるので，

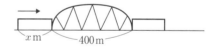

$$\begin{cases} x+400=35y & ……① \\ x+550=45y & ……② \end{cases}$$

　②−①より，$10y=150$
　　　　　　　　$y=15$

　$y=15$を①に代入すると，
　　$x+400=35\times15$
　　　　　$x=125$

したがって，電車の長さは125m，速さは秒速15m。
これは問題に適している。

❻ 男子…477 人　　女子…343 人

解き方 昨年度の男子の人数を x 人，女子の人数を y 人とすると，

　　昨年度は，$x+y=800$　　　……①

　　今年度は，男子が(昨年度の男子)×1.06

　　　　　　　女子が(昨年度の女子)×0.98

だから，$1.06x+0.98y=820$　　……②

　　これを解くと，

　　②×100　$106x+98y=82000$　…②′

　　①×98　　$98x+98y=78400$　…①′

　　②′−①′　　$8x$　　$=3600$　　$x=450$

　　$x=450$ を①に代入すると，

　　　　　　　$450+y=800$　　$y=350$

　　したがって，今年度の人数は，

　　　　　男子が　$450×1.06=477$(人)

　　　　　女子が　$350×0.98=343$(人)

　　これは問題に適している。

❼ 6 % の食塩水…200 g　　12 % の食塩水…400 g

解き方 6 % の食塩水を x g，12 % の食塩水を y g とすると，食塩水の重さの関係から，

　　　　$x+y=600$　　　　　　　　　……①

食塩の重さの関係から，

　　$\dfrac{6}{100}x+\dfrac{12}{100}y=\dfrac{10}{100}(x+y)$　……②

　　これを解くと，

　　②×100　$6x+12y=10(x+y)$

　　　　　　　　$2x-y=0$　　　　　　……②′

　　①+②′ より，$3x=600$

　　　　　　　　　　$x=200$

　　$x=200$ を①に代入すると，

　　　　　　　$200+y=600$　　$y=400$

したがって，6 % の食塩水は 200 g，12 % の食塩水は 400 g

これは問題に適している。

❽ ハンバーグ… 4 人分　オムレツ… 5 人分

解き方 まず，ハンバーグとオムレツ 1 人分に必要なひき肉とたまねぎの分量を求める。

　　ハンバーグでは，

　　　ひき肉 … $300÷3=100$(g)

　　　たまねぎ … $240÷3=80$(g)

　　オムレツでは，

　　　ひき肉 … $60÷2=30$(g)

　　　たまねぎ … $40÷2=20$(g)

よって，ハンバーグを x 人分，オムレツを y 人分作ったとすると，

ひき肉の分量から，　$100x+30y=550$ ……①

たまねぎの分量から，$80x+20y=420$ ……②

①÷10 より，$10x+3y=55$　　　　　……①′

②÷20 より，$4x+y=21$　　　　　　……②′

①′　　　　　$10x+3y=55$

②′×3　 −)$12x+3y=63$

　　　　　　　　　$-2x=-8$

　　　　　　　　　　$x=4$

②′ に代入して，$4×4+y=21$

　　　　　　　　　　　　$y=5$

したがって，ハンバーグ … 4 人分

　　　　　　　オムレツ　 … 5 人分

これは問題に適している。

❶ $x=4$, $y=1$

❷ (1) $x=-2$, $y=4$　(2) $x=-3$, $y=-9$

　(3) $x=-2$, $y=-3$　(4) $x=5$, $y=7$

❸ (1) $x=2$, $y=4$　(2) $x=4$, $y=4$

　(3) $x=2$, $y=0$　(4) $x=-3$, $y=-5$

❹ $a=2$, $b=1$

❺ 父…38歳, 子…13歳

❻ 4 km

❼ 50円玉…36枚, 10円玉…60枚

❽ Aの濃度… 3％, Bの濃度… 8％

解き方

❶ 表を使って, x, y が自然数の組を考える。

x	1	2	3	4	5
y	$-\dfrac{7}{2}$	-2	$-\dfrac{1}{2}$	1	$\dfrac{5}{2}$

　式を成り立たせる x, y の値の組は, $x=4$, $y=1$ の1組だけである。

❷ (2) $\begin{cases} 5x-2y=3 & \cdots\cdots① \\ 2x-3y=21 & \cdots\cdots② \end{cases}$

　①×2　　　$10x-4y=6$

　②×5　$-)\ 10x-15y=105$

　　　　　　　　　$11y=-99$　　$y=-9$

　$y=-9$ を①に代入すると,

　　　　$5x-2\times(-9)=3$　　$x=-3$

(4) $\begin{cases} y=2x-3 & \cdots\cdots① \\ x=3y-16 & \cdots\cdots② \end{cases}$

　①を②に代入すると,

　　　　　$x=3(2x-3)-16$

　　　　　　$x=6x-25$

　　　　　$-5x=-25$　　$x=5$

　$x=5$ を①に代入すると,

　　　　　$y=2\times5-3=7$　　$y=7$

❸ (2) $\dfrac{x+y}{2}\times2=4\times2$ より, $x+y=8$

　$\left(x+\dfrac{1}{4}y\right)\times4=5\times4$ より, $4x+y=20$

　$\begin{cases} x+y=8 \\ 4x+y=20 \end{cases}$ を解くと, $x=4$, $y=4$

(4) $3x+y=2y-4$ より, $3x-y=-4$

　$6x-2y-6=2y-4$ より, $3x-2y=1$

　$\begin{cases} 3x-y=-4 \\ 3x-2y=1 \end{cases}$ を解くと, $x=-3$, $y=-5$

❹ 連立方程式の2式に $x=1$, $y=2$ を代入すると,

　$\begin{cases} a+2b=4 \\ -b+2a=3 \end{cases}$ これを a, b の連立方程式として

　解くと, $a=2$, $b=1$

❺ 現在の父の年齢を x 歳, 子の年齢を y 歳とする。

　現在……$x=3y-1$

　12年後…$x+12=2(y+12)$

　$\begin{cases} x=3y-1 \\ x+12=2(y+12) \end{cases}$ を解くと, $x=38$, $y=13$

　父 38 歳, 子 13 歳は問題に適している。

❻ A さんの家の前のバス停からおじさんの家の町のもよりのバス停まで x km, もよりのバス停からおじさんの家まで y km とすると, 道のりとかかった時間の関係から, 次の連立方程式ができる。

　$\begin{cases} x+y=19 \\ \dfrac{x}{30}+\dfrac{y}{3}=1\dfrac{50}{60} \end{cases}$

　これを解くと, $x=15$, $y=4$

　4 km は問題に適している。

❼ 50円玉が x 枚, 10円玉が y 枚とする。

　合計金額から, $50x+10y=2400$

　枚数の比から, $x:y=3:5$

　これを変形すると, $5x=3y$

　$\begin{cases} 50x+10y=2400 \\ 5x=3y \end{cases}$ を解くと, $x=36$, $y=60$

　36枚, 60枚は問題に適している。

❽ Aの濃度を x ％, Bの濃度を y ％とすると,

　$\dfrac{x}{100}\times30+\dfrac{y}{100}\times20=\dfrac{5}{100}\times50$ より,

　　　　　　$3x+2y=25$

　$\dfrac{x}{100}\times20+\dfrac{y}{100}\times30=\dfrac{6}{100}\times50$ より,

　　　　　　$2x+3y=30$

　$\begin{cases} 3x+2y=25 \\ 2x+3y=30 \end{cases}$ を解くと, $x=3$, $y=8$

　Aの濃度 3 ％, Bの濃度 8 ％は問題に適している。

3章 1次関数

1節 1次関数

p.19-21 Step ❷

❶ ②, ③

[解き方] 1次関数は $y=ax+b$ と表される。

② $y=7x$ は, $b=0$ の形とみる。

❷ (1) 2 (2) 12 (3) 2

[解き方] (2) $x=1$ のとき, $y=2\times1-4=-2$

$x=7$ のとき, $y=2\times7-4=10$

$(y$ の増加量$)=10-(-2)=12$

(3) $(x$ の増加量$)=7-1=6$

$$(変化の割合)=\frac{(y の増加量)}{(x の増加量)}=\frac{12}{6}=2$$

❸ (1) y 軸の正の方向に 7 だけ平行移動

(2) y 軸の正の方向に -3 だけ平行移動

[解き方] $y=ax+b$ のグラフは, $y=ax$ のグラフを y 軸の正の方向に b だけ平行移動した直線である。

❹ (1) 傾き… 2 切片… 1

(2) 傾き… -1 切片… -7

(3) 傾き… $-\dfrac{1}{3}$ 切片… $\dfrac{2}{3}$

[解き方] $y=ax+b$ で, a の部分が傾き, b の部分が y 軸上の切片。

❺ ① 4

② 4

③ $-\dfrac{2}{3}$

④ 3

⑤ $(3, 2)$

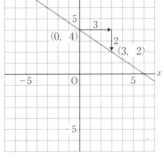

[解き方] ④ 傾き $-\dfrac{2}{3}$ を $\dfrac{-2}{3}$ とみる。分母の 3 が「右へ 3 進んで」に, 分子の -2 が「下へ 2 進んだ」に相当する。

❻

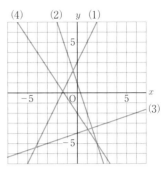

[解き方] まず, y 軸上に切片をとり, 次に傾きからもう 1 点を決め, その 2 点を通る直線をひく。

❼

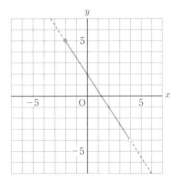

y の変域…$-4<y\leqq5$

[解き方] 点 $(-2, 5)$ は ● (ふくまれる), 点 $(4, -4)$ は ○ (ふくまれない) で表す。

❽ ① $y=-3x+2$ ② $y=\dfrac{3}{4}x+1$

③ $y=-\dfrac{2}{3}x+2$ ④ $y=\dfrac{2}{3}x-4$

[解き方] ④ y 軸上の点 $(0, -4)$ を通るので, 切片は -4。この点から右へ 3, 上へ 2 進んだ点 $(3, -2)$ を通るので, 傾きは $\dfrac{2}{3}$ である。

❾ (1) $y=-x+3$ (2) $y=\dfrac{1}{2}x-2$

(3) $y=x-4$ (4) $y=\dfrac{1}{2}x-\dfrac{5}{2}$

[解き方] (1) 変化の割合が -1 だから,

$y=-x+b$ に $x=0$, $y=3$ を代入する。

❿ (1) $y=\dfrac{2}{3}x-\dfrac{7}{3}$ (2) $y=-\dfrac{1}{4}x-3$

[解き方] (2) y 軸上の切片が -3 で, 傾きが $-\dfrac{1}{4}$ の直線である。

2節 1次関数と方程式

3節 1次関数の活用

p.23-25 **Step ❷**

❶

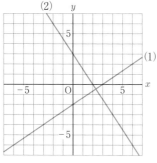

解き方 (1) $y=\dfrac{2}{3}x-2$ と変形する。

(2) $y=-\dfrac{3}{2}x+3$ と変形する。

❷

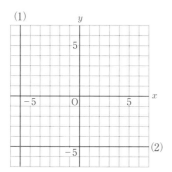

解き方 (1) $x=-6$ y 軸に平行な直線になる。

(2) $y=-5$ x 軸に平行な直線になる。

❸

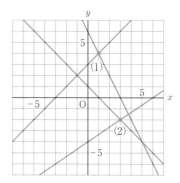

(1) $x=1$, $y=4$

(2) $x=3$, $y=-2$

解き方 グラフより，2つの直線の交点の座標を読みとる。

❹ (1) 12 cm

(2) $(3,\ 4)$

(3) $a=-3$

解き方 (1) 点 B $(0,\ 1)$，点 C $(0,\ 13)$ だから，

$$BC=13-1=12(cm)$$

(2) 点 A の座標を，$(p,\ q)$ とすると，

$$\dfrac{1}{2}\times BC\times p=18\ (cm^2)$$

(1)より BC＝12 cm だから，$p=3$

点 A は直線①…$y=x+1$ 上の点だから，

$$q=p+1=4$$

(3)(2)のとき，点 A は直線②…$y=ax+13$ 上の点だから，$x=3$，$y=4$ を代入すると，

$4=3a+13$ より，$a=-3$

❺ (1)，(2) 右図

(3) $y=1.5x+6$

$$\left(y=\dfrac{3}{2}x+6\right)$$

(4) 約 18 cm

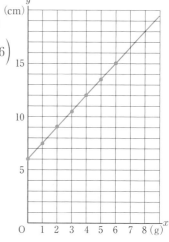

解き方 表から，x，y のおよその関係を読みとる。

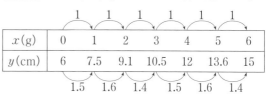

$x(g)$	0	1	2	3	4	5	6
$y(cm)$	6	7.5	9.1	10.5	12	13.6	15

(3)(2)より，表の x と y の値の組は，この直線上にあることから，x と y の関係は1次関数とみなすことができる。2点 $(0,\ 6)$，$(6,\ 15)$ を通ることから，$y=1.5x+6$ となる。

(4) $x=8$ のときも，おもりの重さとバネ全体の長さの関係が成り立つと考える。

$y=1.5x+6$ の式に，$x=8$ を代入すると，

$$y=1.5\times8+6=18$$

❻ $y=\dfrac{3}{2}x$

x の変域は，$0\leqq x\leqq 4$

解き方 三角形の面積は，

$\dfrac{1}{2}\times(底辺)\times(高さ)$

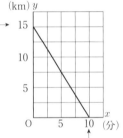

したがって，△ABP の面積は，

$\dfrac{1}{2}\times BP\times AC$

よって，$y=\dfrac{1}{2}\times x\times 3=\dfrac{3}{2}x$

また，BP の値は 0 cm から最大 4 cm まであるので，x の変域は，$0\leqq x\leqq 4$

❼ (1) $\dfrac{3}{2}$ km（または 1.5 km）

(2) $y=-\dfrac{3}{2}x+15$

(3) 4 分後

解き方

B駅を出発 (0, 15) →

A駅に到着 (10, 0)

(1) グラフより，10 分間で 15 km 進んでいることがわかる。

したがって，1 分間では，

$15\div 10=1.5$

より，1.5 km 進む。

(2) グラフから，直線は 1 次関数であることがわかる。したがって，直線の式を $y=ax+b$ とおくと，点 (0, 15) を通るので，y 軸上の切片は 15 より，

$y=ax+15$

グラフは点 (10, 0) を通るから，この式に，$x=10$，$y=0$ を代入すると，

$0=a\times 10+15$

$a=-\dfrac{15}{10}=-\dfrac{3}{2}$

(3) (2) で求めた式，$y=-\dfrac{3}{2}x+15$ に，$y=9$ を代入すると，

$9=-\dfrac{3}{2}x+15$

$x=-6\times\left(-\dfrac{2}{3}\right)=4$

したがって，4 分後である。

❽ (1) $y=120x-300$

(2) 28 m³

解き方 $0\leqq x\leqq 10$ では，使用量が 900 円と一定だから，グラフは x 軸に平行な直線になる。

$10\leqq x$ のとき，1 m³ 使用するごとに 120 円が加算されるので，グラフは傾きが 120 の直線になる。

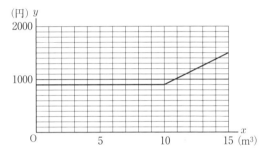

(1) $10\leqq x$ のとき，直線の式を，$y=ax+b$ とおくと，変化の割合は，x が 1 増えると y は 120 増えるので，

$a=120$

したがって，$y=120x+b$

また，$x=10$ のとき，$y=900$ であるから，これを上の式に代入すると，

$900=120\times 10+b$

$b=-300$

よって，求める式は，$y=120x-300$

※$10\leqq x$ のとき，点 (10, 900) から x が 1 増えるごとに，y は 120 増えるので，

$y=900+120(x-10)$ より，

$y=120x-300$

として求めてもよい。

(2) (1) で求めた式に，$y=3060$ を代入すると，

$3060=120x-300$

$3360=120x$

$x=28$

p.26-27 **Step ❸**

❶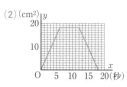

❷ (1) $-\dfrac{1}{3} \leqq y < 3$　(2) $-\dfrac{11}{2} < y \leqq -3$

❸ (1) $y=4x-17$　(2) $y=\dfrac{3}{2}x-3$

(3) $y=-\dfrac{4}{3}x+8$

❹ (1) $\ell : y=2x-3$　　$m : y=-\dfrac{2}{3}x+2$

(2) $\left(\dfrac{15}{8},\ \dfrac{3}{4}\right)$

❺ (1) ⑦ $y=3x$

⑦ $y=18$

⑦ $y=-3x+54$

(3) 5 秒後，13 秒後

(2) (cm²)
20
10
O 5 10 15 20(秒)

❻ (1) (km)
B駅
40
30
20
10
A駅 10 20 30 40 50 (分)
午前9時　　午前10時

(2) 時刻…午前 9 時 42 分

道のり…28 km

解き方

❶ (1) $y=3x-5$ より，点 $(0,\ -5)$ を通り，傾き 3 の
直線をひく。

(2) $y=-\dfrac{1}{4}x+2$ は，点 $(4,\ 1)$ を通る。これと
$(0,\ 2)$ を結ぶ直線をひく。

❷ (1) $x=-2$ のとき，$y=\dfrac{2}{3}\times(-2)+1=-\dfrac{1}{3}$

$x=3$ のとき，$y=\dfrac{2}{3}\times 3+1=3$

y の変域は，$-\dfrac{1}{3} \leqq y < 3$

(2) $x=-2$ のとき，$y=-\dfrac{1}{2}\times(-2)-4=-3$

$x=3$ のとき，$y=-\dfrac{1}{2}\times 3-4=-\dfrac{11}{2}$

y の変域は，$-\dfrac{11}{2} < y \leqq -3$

❸ 式を $y=ax+b$ とおいて考える。

(1) $y=4x$ に平行だから，$a=4$

$y=4x+b$ に，$x=5$，$y=3$ を代入すると，

$3=4\times 5+b$ より，$b=-17$

(2) 変化の割合が $\dfrac{3}{2}$ より，$y=\dfrac{3}{2}x+b$

$x=2$，$y=0$ を代入すると，$b=-3$

(3) y 軸上の切片は 8 だから，$y=ax+8$ に，$x=3$，
$y=4$ を代入すると，

$4=3a+8$　　$a=-\dfrac{4}{3}$

❹ (1) ℓ : 点 $(0,\ -3)$ を通り，傾き 2 の直線

m : 点 $(0,\ 2)$ を通り，傾き $-\dfrac{2}{3}$ の直線

(2) $\begin{cases} y=2x-3 \\ y=-\dfrac{2}{3}x+2 \end{cases}$ の連立方程式を解くと，

$x=\dfrac{15}{8}$，$y=\dfrac{3}{4}$　点 P は $\left(\dfrac{15}{8},\ \dfrac{3}{4}\right)$

❺ △APD の面積は，AD を底辺とすると，

$\dfrac{1}{2}\times AD\times(高さ)=\dfrac{1}{2}\times 6\times(高さ)=3\times(高さ)$

(1) ⑦ $0 \leqq x \leqq 6$ の場合で，高さは AP の長さ
だから，x cm　よって，$y=3x$

⑦ $6 \leqq x \leqq 12$ の場合で，高さは AB の長さだか
ら，6 cm　よって，$y=18$

⑦ $12 \leqq x \leqq 18$ の場合で，高さは DP の長さだ
から，$18-x$(cm)　よって，

$y=3\times(18-x)=-3x+54$

(2) $6 \leqq x \leqq 12$ のとき，グラフは x 軸に平行。

(3) $0 \leqq x \leqq 6$ のとき，$3x=15$ より，$x=5$

$12 \leqq x \leqq 18$ のとき，$-3x+54=15$ より，$x=13$

したがって，△APD の面積が 15 cm² になるのは
5 秒後，13 秒後。

❻ 普通列車：分速 $\dfrac{2}{3}$ km，急行列車：分速 1 km

(1) 普通列車：$y=\dfrac{2}{3}x$

急行列車：$y=50-1\times(x-20)$

$=-x+70$

(2) $\begin{cases} y=\dfrac{2}{3}x \\ y=-x+70 \end{cases}$ と解くと $x=42$，$y=28$

したがって，午前 9 時 42 分に A 駅から 28 km の
地点で出会う。

4章 平行と合同

1節 平行線と角

`p.29-31` `Step 2`

❶ $\angle x = 20°$　　$\angle y = 95°$

解き方 $\angle x$ の対頂角は $20°$ である。

$20° + \angle y + 65° = 180°$ だから，

$\angle y = 180° - 20° - 65° = 95°$

❷ $\angle b = 73°$　　$\angle c = 73°$

解き方 $\angle a$ と $\angle b$ は同位角で，$\angle a$ と $\angle c$ は錯角である。$\ell \mathbin{/\!/} m$ より，これらは等しい。

$\angle b = \angle a = 73°$，$\angle c = \angle a = 73°$

❸ (1) $105°$　　　　　　　　(2) $65°$

解き方 (1) $\angle x$ の頂点を通り，ℓ，m に平行な直線 n をひく。

下の図で，$\angle a = 70°$　$\ell \mathbin{/\!/} n$ だから，

$\angle c = 70°$（$\angle a$ と $\angle c$ は同位角）

また，$m \mathbin{/\!/} n$ だから，$\angle b = 35°$

$\angle x = \angle b + \angle c = 35° + 70° = 105°$

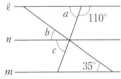

(2) $\angle x$ の頂点を通り，ℓ，m に平行な直線 n をひく。

$m \mathbin{/\!/} n$ だから，$\angle c = 25°$（錯角）

$\angle a + 80° + 60° = 180°$ だから，$\angle a = 40°$

$\ell \mathbin{/\!/} n$ だから，$\angle a = \angle b$（同位角）

$\angle x = \angle b + \angle c = 40° + 25° = 65°$

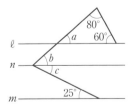

❹ BD で折り返したら，$\angle C'BD = \angle CBD$

AD $\mathbin{/\!/}$ BC より，錯角は等しいから，

$\angle ADB = \angle CBD$

よって，$\angle ADB = \angle C'BD$

解き方 折り返してできたところの角は，重なる前のもとの角と等しいことに注目する。

❺ (1) $68°$　　　(2) $44°$　　　(3) $21°$
　　(4) $41°$　　　(5) $29°$　　　(6) $47°$

解き方 三角形の内角の和は $180°$ であることと，三角形の外角は，それと隣合わない2つの内角の和に等しいことを使う。

(1) $\angle x + 70° + 42° = 180°$

$\angle x = 180° - 70° - 42° = 68°$

(2) $\angle x + 38° = 82°$

$\angle x = 82° - 38° = 44°$

(3) 右の図で，

$\angle a + 56° = 122°$

$\angle a = 66°$

$\angle a + \angle x + 93° = 180°$

したがって，$\angle x = 21°$

(4) 右の図で，

$\angle a = 72° + 29° = 101°$

$\angle x = 180° - 101° - 38°$

　　$= 41°$

(5) 対頂角は等しいので，$56° + \angle x = 61° + 24°$

$\angle x = 85° - 56° = 29°$

(6) 右の図で，

$\angle a = 33° + 64° = 97°$

$\angle x = 144° - 97°$

　　$= 47°$

❻ (1) $720°$　　　　　　　　(2) $360°$

解き方 (1) 図のように，1つの頂点から対角線をひくと，4つの三角形に分けることができる。

したがって，$180° \times 4 = 720°$

(2) 印をつけた角の和は, AE の延長と CD の交点を F とすると, 四角形 ABCF の内角の和と等しいことがわかる。

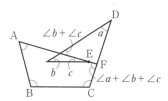

四角形の内角の和は 360° である。

❼ (1) 1440°　　　(2) 156°　　　(3) 十六角形
　　(4) 30°　　　(5) 正十二角形　(6) 24 本

解き方 (1) $180° \times (10-2) = 180° \times 8 = 1440°$

(2) $180° \times (15-2) = 180° \times 13 = 2340°$
　　$2340° \div 15 = 156°$

別解 正十五角形の 1 つの外角は,
　　$360° \div 15 = 24°$ だから, $180° - 24° = 156°$

(3) 求める多角形を n 角形とすると,
　　$180° \times (n-2) = 2520°$
　　　　　$n-2 = 14$
　　　　　　$n = 16$

(4) 多角形の外角の和は 360° だから,
　　$360° \div 12 = 30°$

(5) $360° \div 30° = 12$　よって, 正十二角形である。

(6) 内角を $x°$, 外角を $y°$ とすると,
$$\begin{cases} x+y = 180 & \cdots\cdots① \\ x-y = 150 & \cdots\cdots② \end{cases}$$
　　①＋②より, $2x = 330$　　$x = 165$
　　$x = 165$ を①に代入すると, $y = 15$
　　多角形の外角の和は 360° だから,
　　　　$360° \div 15° = 24$
よって, この正多角形は正二十四角形で, 辺の数は 24 本。

❽ (1) 85°　　　(2) 143°　　　(3) 101°
　　(4) 100°　　　(5) 52°　　　(6) 37°

解き方 (1) 五角形の内角の和は,
　　$180° \times (5-2) = 540°$
　　$\angle x + 125° + 100° + 120° + 110° = 540°$
　　$\angle x = 85°$

(2) 図のように線をひき, 2 つの三角形に分けて考えると,
　　$\angle a = 87° + 26° = 113°$
　　$\angle x = \angle a + 30° = 143°$

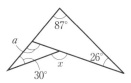

(3) 図のような線をひくと,
　　$\angle a + \angle c = 72°$　$\cdots\cdots①$
　　$\angle b + \angle d = \angle x$　$\cdots\cdots②$
　　①＋②より,
　　$\angle a + \angle b + \angle c + \angle d = 72° + \angle x$
　　また, $\angle a + \angle b = 98°$,　$\angle c + \angle d = 75°$ だから,
　　$98° + 75° = 72° + \angle x$
　　　　$\angle x = 101°$

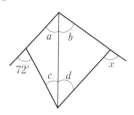

(4) 多角形の外角の和は 360° だから, $\angle x$ の外角を $\angle a$ とすると,
　　$\angle a + 70° + 60° + 65° + 85° = 360°$
　　$\angle a = 80°$
　　したがって, $\angle x + 80° = 180°$　$\angle x = 100°$

(5) $360° - (44° + 67° + 65° + 66° + 66°) = 52°$

(6) 右の図で, 三角形の内角と外角の関係より,
　　$\angle a = 39° + 31° = 70°$
　　$\angle b = 40° + 33° = 73°$
　　$\angle x = 180° - (70° + 73°)$
　　　　$= 37°$

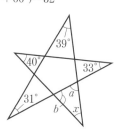

2節 合同と証明

`p.33-35` `Step 2`

❶ (1) 65° (2) 45° (3) 4 cm

解き方 △ABC≡△DEF より,

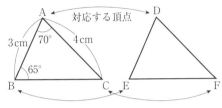

(1) ∠E は ∠B に対応するので,

∠E＝∠B＝65°

(2) ∠F は ∠C に対応するので,

∠F＝∠C＝180°−(70°＋65°)

＝45°

(3) 辺 DF は辺 AC に対応するので,

DF＝AC＝4 cm

❷
$$\begin{cases} △ABC≡△NMO \\ 2組の辺とその間の角がそれぞれ等しい。 \end{cases}$$
$$\begin{cases} △DEF≡△HGI \\ 3組の辺がそれぞれ等しい。 \end{cases}$$
$$\begin{cases} △JKL≡△QRP \\ 1組の辺とその両端の角がそれぞれ等しい。 \end{cases}$$

解き方 三角形の辺の長さと角の大きさに注目する。
必ず対応する順に頂点を書くこと。

・△ABC≡△NMO

 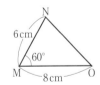

・△DEF≡△HGI

・△JKL≡△QRP

❸ 仮定…AB⊥PM(または AB⊥ℓ)
AM＝BM
結論…PA＝PB

解き方 線分 AB の垂直二等分線とは,「線分 AB の中点を通り, AB に垂直な直線」である。

(仮定)

㋐ 垂直である。

㋑ 線分 AB を 2 等分している。

(結論)

㋒ 点 P が, 2 点 A, B から等しい距離にある。

㋐～㋒を式で表せばよい。

❹ ㋐ CBO

㋑ CO

㋒ DO

㋓ COB

㋔ 2 組の辺とその間の角

㋕ CBO

㋖ AD

解き方 問題文から, 仮定と結論は

(仮定) AB＝CD, AO＝CO

(結論) AD＝CB

となる。

AD と CB の長さが等しいことを示すので, それらをふくむ合同な三角形を考えればよい。

したがって, △ADO と △CBO に着目する。

DO＝CD−CO, BO＝AB−AO で, 仮定より,

AB＝CD, AO＝CO であるから, DO＝BO となる。

2 組の辺の長さが等しいことがわかっているので, 残りの辺の長さか, 2 組の辺の間の角の大きさが等しいことがいえればよい。

下の図から, AB と CD が交わっているので, ∠AOD と ∠COB は, 対頂角で等しいことがわかる。

したがって, 2 組の辺とその間の角の大きさが等しいことから証明できる。

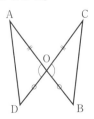

❺ ㋐ AB

ㅤㅤㅤㅤㅤ㋑ DB

ㅤㅤㅤㅤㅤ㋒ BDE

ㅤㅤㅤㅤㅤ㋓ DBE

ㅤㅤㅤㅤㅤ㋔ 1組の辺とその両端の角

ㅤㅤㅤㅤㅤ㋕ 辺

ㅤㅤㅤㅤㅤ㋖ AC

解き方

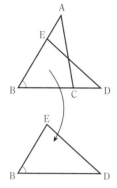

△ABC と △DBE が重なっている場合は，図のように片方を切り離して考えるとよい。△ABC の ∠ABC と，△DBE の ∠DBE は，重なっているので角の大きさは等しい。（共通な角）

①は辺が等しいことを，②，③はその両端の角が等しいことをそれぞれいっているので，三角形の合同条件がいえる。

また、合同な図形であることがいえれば，対応する辺や角も等しいので，辺 AC と辺 DE は等しいといえる。

❻ ㋐ BOC

ㅤㅤㅤㅤㅤ㋑ BC

ㅤㅤㅤㅤㅤ㋒ 3組の辺

ㅤㅤㅤㅤㅤ㋓ BOC

ㅤㅤㅤㅤㅤ㋔ BOC

解き方 作図の方法が正しいことは，「三角形の合同条件」や「合同な図形の性質」を根拠にして証明すればよい。

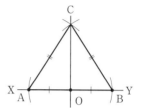

図形の中から，2つの合同な三角形を見つけて証明する。

上の図で，△AOC と △BOC を考える。

点 O を中心として円をかいたから，A，B は円の中心 O からの長さが等しいので，

ㅤㅤㅤㅤAO＝BO

また，点 A と点 B を中心に同じ長さの円をかいて，その交点を C としているので，

ㅤㅤㅤㅤAC＝BC

また，2つの三角形で辺 OC は共通だから，

ㅤㅤㅤㅤOC＝OC（共通）

これらのことから，3組の辺がそれぞれ等しいので，2つの三角形 △AOC と △BOC が合同であることが証明できる。

合同な三角形では対応する角の大きさは等しいので，

ㅤㅤㅤㅤㅤㅤ∠AOC＝∠BOCㅤㅤㅤ……①

ㅤㅤㅤㅤㅤㅤ∠AOC＋∠BOC＝180°ㅤ……②

①，②より ∠AOC＝∠BOC＝90°

よって，直線 CO は，線分 AB，すなわち直線 XY の垂線である。

p.36-37 **Step ❸**

❶ (1) $\angle x=40°$　$\angle y=120°$

　(2) $\angle x=75°$　$\angle y=60°$

　(3) $\angle x=90°$　$\angle y=95°$

❷ (1) $\angle x=120°$　(2) $\angle x=70°$　(3) $\angle x=60°$

❸ (1) 正八角形　(2) 十三角形

❹ (1) 仮定 AB＝AC，AD＝AE　結論 BE＝CD

　(2) △ABE と △ACD で，

　AB＝AC，AE＝AD，∠A は共通

　2 組の辺とその間の角がそれぞれ等しいから，

　△ABE≡△ACD

　合同な三角形の対応する辺の長さは等しいか

　ら，BE＝CD

❺ (1) △CDE≡△CBG

　合同条件

　2 組の辺とその間の角がそれぞれ等しい。

　(2) 3.75 cm

❻ △ECA と △EDA で，

　CA＝DA，EC＝ED，EA は共通

　3 組の辺がそれぞれ等しいから，△ECA≡△EDA

　これより，∠EAC＝∠EAD＝90°

　△OAQ と △OBQ で，

　OA＝OB，∠AOQ＝∠BOQ，OQ は共通

　2 組の辺とその間の角がそれぞれ等しいから，

　△OAQ≡△OBQ

　よって，AQ＝BQ，∠OAQ＝∠OBQ＝90°

　これは点 A，B を接点とする接線 OX，OY を

　もつ円である。

解き方

❶ (1) 対頂角は等しいから，∠x＝40°

　　∠y＝180°－20°－40°＝120°

　(2) $\ell /\!/ m$ より，同位角が

　等しいから，∠x＝75°

　∠y の対頂角の同位角の

　大きさは 60°

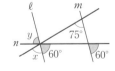

　(3) $\ell /\!/ m /\!/ n$ となる直線 n

　をひくと，錯角の和より，

　　∠x＝40°＋50°＝90°

　　∠y＝135°－40°＝95°

❷ (1) 三角形の外角は残りの 2 つの内角の和に等しい。

　　180°－108°＝72°　∠x＝48°＋72°＝120°

　(2) 四角形の内角の和は 360° である。

　　∠x＝360°－85°－95°－(180°－70°)＝70°

　(3) 多角形の外角の和は 360° である。

　　∠x＝360°－80°－84°－76°－60°＝60°

❸ (1) 外角を a° とすると，内角は $3a$°

　　$a°＋3a°＝180°$　　$a°＝45°$

　　360°÷45°＝8 だから，正八角形

　(2) 180°×(n－2)＝1980° より，

　　n＝1980÷180＋2＝13　十三角形

❹ (1)「p ならば q」→ p：仮定，q：結論

　(2) BE と CD をふくむ 2 つの三角形を見つけ，合

　同になることを証明する。

　ここでは，2 組の辺の長さが等しいことがわかって

　いるから，その間の角が共通な △ABE と △ACD

　に着目する。

❺ (1) 四角形 ABCD と四角形 EFGC はともに正方形

　であるから，CD＝CB　CE＝CG

　　∠ECD＝∠GCB＝90°

　したがって，2 組の辺とその間の角がそれぞれ等

　しいから，△CDE≡△CBG

　(2) 対応する辺の長さは等しいから，

　　DE＝BG＝5(cm)

　　HG＝BG－BH＝5－1.25＝3.75(cm)

❻ 合同な三角形を見つけ，三角形の合同条件により

　作図のしかたが正しいことを導く。

　このとき，

　　AQ＝BQ(円 Q の半径)

　　∠OAQ＝∠OBQ＝90°(OX⊥QA，OY⊥QB)

　となることを示す(円の接線は，接点を通る半径

　に垂直である)。

　〈作図の手順〉

　① 点 A を中心に円をかき，OX 上の交点 C，D を

　とる。

　② 2 つの交点 C，D を中心にして等しい半径の円

　をそれぞれかく。

　③ ②の交点 E と，点 A を通る直線をひく。

　④ OP と③の交点 Q が円の中心になる。

5章 三角形と四角形

1節 三角形

`p.39-42`　`Step 2`

❶ (1) ∠x＝68°　　(2) ∠x＝55°

(3) ∠x＝52°

解き方　「二等辺三角形の 2 つの底角は等しい」,「三角形の内角の和」,「内角と外角の関係」を使う。

(1) ∠x＝（180°－44°）÷2＝68°

(2) ∠x＝180°－125°＝55°

(3) 180°－116°＝64°

∠x＝180°－64°×2＝52°

❷ 90°

解き方　△PAB と △PAC はともに二等辺三角形であることを利用する。

△PAB で, PA＝PB より,

∠PAB＝∠PBA＝30°

∠APB＝180°－30°×2＝120°

△PAC で, PA＝PC より,

∠PAC＝∠PCA

∠PAC＋∠PCA＝∠APB

2∠PAC＝120°

∠PAC＝60°

したがって,

∠BAC＝∠PAB＋∠PAC

＝30°＋60°＝90°

❸ AP∥EC で, ∠PAC と ∠ACE は錯角より,

∠ACE＝∠PAC ……①

AP∥EC で, ∠AEC と ∠BAP は同位角より,

∠AEC＝∠BAP ……②

AP は ∠A の二等分線だから,

∠BAP＝∠PAC ……③

①, ②, ③より,

∠ACE＝∠AEC

2 つの角が等しい三角形は二等辺三角形だから,

△ACE は二等辺三角形である。

解き方　平行な 2 直線に 1 直線が交わってできる同位角や錯角が等しいことを利用する。

❹ △ABC は AB＝AC である二等辺三角形だから, 底角は等しい。

∠ABC＝∠ACB

また, BD は ∠ABC の, CD は ∠ACB のそれぞれの角の二等分線だから,

∠ABD＝∠DBC＝∠DCB＝∠ACD

△DBC は 2 つの角が等しいので, 二等辺三角形である。したがって, DB＝DC

△ABD と △ACD で,

AB＝AC, DB＝DC, AD は共通

3 組の辺がそれぞれ等しいので,

△ABD≡△ACD

合同な三角形の対応する角の大きさは等しいので,

∠BAD＝∠CAD

したがって, AD は ∠BAC を 2 等分しているので, 点 D は二等辺三角形 ABC の頂角 A の二等分線上にある。

解き方　二等辺三角形の底角の二等分線をそれぞれひくと, 4 つの等しい角ができることを利用する。

❺ (1) 逆：同位角が等しければ, 2 直線は平行である。→正しい。

(2) 逆：xy が偶数ならば, x, y はともに偶数である。→正しくない。

反例：2×3＝6 は偶数であるが, 2 は偶数, 3 は奇数である。

解き方　「p ならば q」の逆は「q ならば p」になる。逆が正しくない場合は, 反例を 1 つでも示せばよい。

❻ ⑦, ⑤

解き方　二等辺三角形のうち, 1 つでも角が 60° ならば, その二等辺三角形は正三角形になる。

底角が 60° のとき　　頂角が 60° のとき

残りの頂角も 60° だから, 正三角形

底角＋底角＝120° より, 底角も 60° だから, 正三角形

19

❼ △DBE で，ℓ∥AC より，同位角は等しいので，

∠BDE＝∠BAC＝60°

∠BED＝∠BCA＝60°

∠DBE＝∠ABC＝60°（正三角形の角）

3つの角が等しいので，△DBE は正三角形である。

解き方 正三角形の辺に平行な直線で分けられてできる三角形は，同位角が等しいことからすべての角が60°になるので，正三角形になる。

❽ △BAE と △DAC で，

正三角形の3つの辺と角は等しいので，

BA＝DA　　　　　……①

AE＝AC　　　　　……②

∠BAE＝∠BAC＋∠EAC

＝∠BAC＋60°　……③

∠DAC＝∠DAB＋∠BAC

＝60°＋∠BAC　……④

③，④より，∠BAE＝∠DAC　……⑤

①，②，⑤より，2組の辺とその間の角がそれぞれ等しいので，△BAE≡△DAC

合同な三角形の対応する辺は等しいので，

BE＝DC

解き方 BE，DC を辺にもつ三角形に着目する。等しい辺や角は，印を使って図にかき込むとよい。

❾ ㋐と㋕

合同条件：斜辺と他の1辺がそれぞれ等しい。

㋑と㋓

合同条件：斜辺と1つの鋭角がそれぞれ等しい。

解き方 直角三角形では1つの角が直角に決まっているので，斜辺の長さと斜辺以外の辺の長さや直角以外の内角の大きさに注目する。

❿ △BDM と △CEM で

仮定より，

BM＝CM　　　　　　　　……①

∠BDM＝∠CEM＝90°　……②

また，対頂角は等しいから，

∠BMD＝∠CME　　　　　……③

①，②，③より，2つの直角三角形で，斜辺と

1つの鋭角がそれぞれ等しいから，

△BDM≡△CEM

合同な三角形の対応する辺の長さはそれぞれ等しいから，BD＝CE

解き方 垂線をふくむ直角三角形を見つけて，直角三角形の合同条件を使って証明するとよい。

⓫ △OPA と △OPB で，

接線の性質から，

∠OAP＝∠OBP＝90°……①

円 O の半径だから，OA＝OB　　……②

共通な辺だから，　　OP＝OP　　……③

①，②，③より，直角三角形で斜辺と他の1辺がそれぞれ等しいので，

△OPA≡△OPB

合同な三角形の対応する角が等しいので，

∠APO＝∠BPO

解き方 接線と半径は垂直であることを利用して，直角三角形の合同条件を利用する。

⓬ (1) △BCE と △CBD で，

△ABC は二等辺三角形だから，

∠CBE＝∠BCD　　　　……①

BC＝CB（共通）　　　　……②

∠BEC＝∠CDB＝90°　……③

①，②，③より，2つの直角三角形で，斜辺と1つの鋭角がそれぞれ等しいから，

△BCE≡△CBD

合同な三角形の対応する辺の長さはそれぞれ等しいから，BE＝CD

(2) (1)より，△BCE≡△CBD であるから，

∠BCE＝∠CBD

つまり，∠BCP＝∠CBP

よって，2つの角が等しいので，△PBC は二等辺三角形である。

解き方 (1) △ABD と △ACE で

AB＝AC（斜辺）

∠A は共通（1つの鋭角）

∠ADB＝∠AEC＝90°

だから，直角三角形の合同条件より，

△ABD≡△ACE

したがって,
$$BE＝AB－AE, \quad CD＝AC－AD$$
$$AD＝AE$$
より, BE＝CD と証明してもよい。

(2) 2つの角が等しいことがいえれば, その三角形は二等辺三角形である。

2節 四角形

3節 三角形と四角形の活用

p.44-47 **Step ❷**

❶ (1) $x＝120$　$y＝60$

(2) $x＝6$　$y＝8$

(3) $x＝8$　$y＝15$

解き方 (1) 平行四辺形で向かい合う角の大きさは等しい。また, 隣り合う内角の和は180°

$x°＝120°, \; y°＝180°－120°＝60°$

(2) 平行四辺形で, 2組の対辺はそれぞれ等しい。

$x＝6, \; y＝8$

(3) 平行四辺形で, 2つの対角線はそれぞれの中点で交わる。$x＝8, \; y＝15$

❷ 70°

解き方 AE∥DC で, 錯角は等しいから,
$$∠AED＝∠CDE＝35°$$
また, DE は ∠ADC の二等分線だから,
$$∠ADC＝2∠CDE＝2×35°$$
$$＝70°$$
平行四辺形の対角は等しいから,
$$∠ABC＝∠ADC＝70°$$

❸ △ABM と △CDN で, 平行四辺形の2組の対辺はそれぞれ等しいから,
$$AB＝CD \qquad ……①$$
AD＝BC で, AM＝DM, BN＝CN だから,
$$AM＝CN \qquad ……②$$
また, 平行四辺形の対角は等しいから,
$$∠BAM＝∠DCN \quad ……③$$
①, ②, ③より, 2組の辺とその間の角がそれぞれ等しいから,
$$△ABM≡△CDN$$

合同な三角形の対応する辺の長さは等しいから,
$$MB＝ND$$

解き方 平行四辺形の性質を使って, 等しい辺や角を見つけ, 2つの三角形が合同であることを証明する。四角形 MBND が平行四辺形になることを証明し, MB＝ND を示す方法もある。

❹ 四角形 AECG で, 四角形 ABCD は平行四辺形だから, AB∥DC より,
$$AE∥GC$$
また, AB＝DC より,
$$AE＝GC$$
1組の対辺が平行で長さが等しいから, 四角形 AECG は平行四辺形である。

よって, $AG∥EC$　……①

同様に, 四角形 AFCH も平行四辺形であることがわかるので,
$$AF∥HC \qquad ……②$$
四角形 APCQ で, ①, ②より, 2組の対辺がそれぞれ平行だから, 四角形 APCQ は平行四辺形である。

解き方 平行四辺形の対辺は平行で, 長さも等しいことを利用する。

四角形 AFCH が平行四辺形であることは, 四角形 AECG が平行四辺形である証明とまったく同じ手順なので「同様に」としてもよい。

❺ △AED と △FEC で, 仮定より,
$$ED＝EC \qquad ……①$$
また, 対頂角は等しいから,
$$∠AED＝∠FEC \quad ……②$$
AD∥CF より, 錯角は等しいから,
$$∠ADE＝∠FCE \quad ……③$$
①, ②, ③より, 1組の辺とその両端の角がそれぞれ等しいから,
$$△AED≡△FEC$$
合同な三角形の対応する辺の長さは等しいから,
$$EA＝EF \qquad ……④$$
①, ④から, 2つの対角線がそれぞれの中点で交わるから, 四角形 ACFD は平行四辺形である。

解き方 四角形 ACFD では，対角線は AF，DC になる。

すでに，ED＝EC であるので，残りの対角線の長さを考えればよい。

❻ △ABE と △CDF で，

仮定より，∠AEB＝∠CFD＝90° …①

平行四辺形の対辺は等しいので，

AB＝CD …②

AB∥DC より，錯角が等しいので，

∠ABE＝∠CDF …③

①，②，③より，

直角三角形で，斜辺と1つの鋭角がそれぞれ等しいので，△ABE≡△CDF

合同な三角形の対応する辺は等しいので，

AE＝CF …④

また，∠AEF＝∠CFE＝90° より，錯角が等しいので，AE∥CF …⑤

④，⑤より，四角形 AECF で，1組の対辺が平行で長さが等しいので，平行四辺形である。

解き方 △ABE≡△CDF を示したあと，BE＝DF を示し，△BCE≡△DAF より，2組の対辺がそれぞれ等しいことを証明することもできる。

❼ (1) イ，ウ (2) ア，エ (3) ア，エ (4) イ，ウ

解き方 (1) 長方形は4つの角が等しいので，

∠A＝∠B

2つの対角線は長さが等しいので，AC＝BD

(2) 正方形は4つの辺が等しいので，AB＝BC

2つの対角線は垂直に交わるので，AC⊥BD

(3) ひし形は4つの辺が等しいので，AB＝BC

2つの対角線は垂直に交わるので，AC⊥BD

(4) 正方形は4つの角が等しいので，∠A＝∠B

2つの対角線は長さが等しいので，AC＝BD

❽ △ABP と △ADQ で，仮定より，

AP＝AQ ……①

AP⊥BC，AQ⊥CD より，

∠APB＝∠AQD＝90° ……②

四角形 ABCD は平行四辺形だから，対角は等しいので，∠ABP＝∠ADQ ……③

②，③より，三角形の残りの内角も等しいから，

∠BAP＝∠DAQ ……④

①，②，④より，1組の辺とその両端の角がそれぞれ等しいので，

△ABP≡△ADQ

合同な三角形の対応する辺の長さはそれぞれ等しいから，

AB＝AD

平行四辺形 ABCD で，隣り合う2辺の長さが等しいから，4辺の長さはすべて等しい。したがって，平行四辺形 ABCD はひし形である。

解き方 平行四辺形にどのような条件が加わればひし形になるか考える。ひし形の定義は「4つの辺の長さが等しい四角形」であるから，平行四辺形の隣り合う2辺の長さが等しくなればひし形になる。

❾ (1) 90°

(2) △HBC で，

∠HBC＋∠HCB

$=\frac{1}{2}$(∠ABC＋∠DCB)

平行四辺形の隣り合う内角の和は180°だから，∠ABC＋∠DCB＝180°

したがって，∠HBC＋∠HCB＝90° だから，

∠H＝180°－90°＝90°

同様に，

∠H＝∠E＝∠F＝∠G＝90°

だから，四角形 EFGH は4つの角が90°で等しいので長方形である。

解き方 ∠H＝90° を △HBC が直角三角形であることから証明できれば，∠E，∠F，∠G も同様に △EAB，△FDA，△GCD が直角三角形であることから証明できる。

❿ △AED と △CED で,

四角形 ABCD は正方形だから,

  AD＝CD   ……①

  DE＝DE（共通）   ……②

∠ADC は, 対角線 DB により 2 等分されるので,

  ∠ADE＝∠CDE（＝45°）……③

①, ②, ③より, 2 組の辺とその間の角がそれ
ぞれ等しいので, △AED≡△CED

合同な三角形の対応する角の大きさは等しいか
ら, ∠EAD＝∠ECD   ……④

また, AD∥BF より, 錯角は等しいので,

  ∠EAD＝∠EFC   ……⑤

④, ⑤より, ∠EFC＝∠ECD

解き方 ∠EFC＝∠ECD はすぐに証明することはむ
ずかしい。したがって, ∠EFC も ∠ECD もともに
∠EAD と等しくなることを使って証明するとよい。

⓫ ⑴ △ADE, △ABD, △ADC,
   △EAB, △EDB, △BDC

⑵ △DCF

解き方 ⑴ 四角形 ABCD, 四角形 AEBD はともに平
行四辺形であるから,

  AD＝EB＝BC

であることを利用する。

三角形の面積は, 底辺と高さがそれぞれ等しければ,
形にかかわらず等しくなるから, 等しい長さの底辺
で, 高さが等しくなる三角形を見つけていけばよい。
そのとき, 平行線間の距離はどこでも等しいことを
利用する。

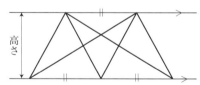

⑵ ⑴より, △AED＝△ACD   ……①

  △AEF＝△AED－△AFD   ……②

  △DCF＝△ACD－△AFD   ……③

①, ②, ③より, △AEF＝△DCF

⓬ 右図

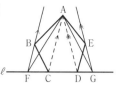

解き方 AC∥BF となる点 F を直線 ℓ 上にとると,
△ABC＝△AFC …①

また, AD∥EG となる点 G を直線 ℓ 上にとると,
△AED＝△AGD …②

①, ②より,

五角形 ABCDE

＝△ABC＋△ACD＋△AED

＝△AFC＋△ACD＋△AGD

＝△AFG

⓭ $\dfrac{3}{2}$ 倍

解き方 △ABE と △ABD で

AE：AD＝1：3 だから,

  △ABE＝$\dfrac{1}{3}$△ABD   ……①

△FBC と △DBC で

CF：CD＝1：2 だから,

  △FBC＝$\dfrac{1}{2}$△DBC

△ABD＝△DBC だから,

  △FBC＝$\dfrac{1}{2}$△ABD   ……②

①, ②より,

△FBC÷△ABE＝$\dfrac{1}{2}$△ABD÷$\dfrac{1}{3}$△ABD

  ＝$\dfrac{1}{2}$÷$\dfrac{1}{3}$＝$\dfrac{3}{2}$

したがって, △FBC の面積は, △ABE の面積の $\dfrac{3}{2}$
倍である。

❶ ⑴ ∠x＝50°　⑵ ∠x＝40°　⑶ ∠x＝82°

❷ ⑴四角形の2つの対角線が垂直に交わっているならば，その四角形はひし形である。
正しくない。
⑵a＋b＞0ならば，a＞0，b＞0である。
正しくない。
⑶正三角形は頂角が60°の二等辺三角形である。
正しい。

❸ △ABDと△ACEで，AB＝AC ……①
BD＝CE…②　∠ABD＝∠ACE……③
①，②，③より，2組の辺とその間の角がそれぞれ等しいから，△ABD≡△ACE
したがって，AD＝AE
よって，△ADEは二等辺三角形

❹ △ABEと△CDFで，AB＝CD ……①
AB∥CDより，∠ABE＝∠CDF ……②
仮定より，∠AEB＝∠CFD＝90°……③
①，②，③より，直角三角形の斜辺と1つの鋭角がそれぞれ等しいから，
△ABE≡△CDF
したがって，BE＝DF

❺ △CEBと△DFCで，BC＝CD ……①
∠EBC＝∠FCD ……②
AB＝BC，AE＝BFより，EB＝FC……③
①，②，③より，2組の辺とその間の角がそれぞれ等しいから，△CEB≡△DFC
したがって，∠ECB＝∠FDC

❻ △ABC＝△ADC＋△DBC ……①
△DBE＝△DBC＋△EDC ……②
DC∥AEより，△ADC＝△EDC……③
①，②，③より，△ABCと△DBEの面積は等しい。

解き方

❶ ⑴二等辺三角形の底角は180°－115°＝65°
∠x＝180°－65°－65°＝50°

⑵，⑶三角形の外角は隣り合わない2つの内角の和に等しいことを利用する。
⑵ ∠x＋∠x＝80°　　⑶ ∠x＝57°＋(55°－30°)
より，∠x＝40°　　　　　＝82°

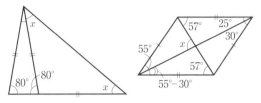

❷ ⑴逆：四角形の2つの対角線が垂直に交わっているならば，その四角形はひし形である。
→下の図のような四角形は対角線が垂直に交わっているが，4つの辺が等しくないのでひし形ではない。よって，正しくない。

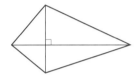

⑵逆：a＋b＞0ならば，a＞0，b＞0である。
→たとえば，a＝5，b＝－3のとき，a＋b＞0であるがb＜0である。
よって，正しくない。
⑶逆：正三角形は頂角が60°の二等辺三角形である。
→底角が60°になるから正しい。

❸ △ADEが二等辺三角形であるためには，
AD＝AEであるか，または∠ADE＝∠AED
であればよい。

❹ 2つの直角三角形△ABEと△CDFが合同であることを平行四辺形の性質を利用して証明すればよい。

❺ 正方形の辺と角の性質を使って証明する。正方形は隣り合う辺の長さが等しいので，EB＝FCは，ABとBCから等しい長さAE，BFをひくことにより示すことができる。

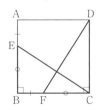

❻ 平行線から高さの等しい三角形を見つけ，面積の等しい三角形に変形していけばよい。

6章 確率

1節 確率

p.51　**Step ❷**

❶ (1) $\dfrac{5}{6}$　　(2) $\dfrac{3}{13}$　　(3) $\dfrac{3}{8}$

解き方 (1) さいころの目は，1，2，3，4，5，6 の 6
つあるから，2 以上の目が出る確率は $\dfrac{5}{6}$

(2) 52 枚のトランプの中で，3 以下のカードは，ス
ペード，クローバー，ハート，ダイヤの 4 種にそれ
ぞれ 3 枚ずつあるから，

$$3 \times 4 = 12 \text{(枚)}$$

したがって，3 以下のカードである確率は

$$\dfrac{12}{52} = \dfrac{3}{13}$$

(3) 白玉と赤玉は合わせて $3+5=8$(個)

白玉の数は 3 個だから，白玉である確率は $\dfrac{3}{8}$

❷ (1)

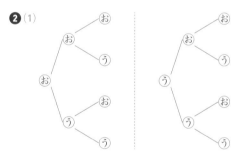

8 通り

(2) $\dfrac{1}{8}$　　(3) $\dfrac{3}{8}$

解き方 (1) 硬貨 A は，表か裏の 2 通り，硬貨 B も同
様に表か裏の 2 通り，硬貨 C も同様に表か裏の 2 通
りある。
これらを 1 つずつもらさず順に樹形図にかいていくと，
8 通りであることがわかる。

(2) (1)から，すべての場合は 8 通りあることがわかる。
そのうち，3 枚とも裏になるのは樹形図で

　う－う－う

の 1 通りしかない。3 枚とも裏になる確率は $\dfrac{1}{8}$

(3) 1 枚が表，2 枚が裏になるのは樹形図で，

　お－う－う

　う－お－う

　う－う－お

の 3 通りある。

1 枚が表，2 枚が裏になる確率は $\dfrac{3}{8}$

❸ (1) $\dfrac{5}{36}$　　(2) $\dfrac{5}{18}$　　(3) $\dfrac{1}{4}$

解き方 2 つのさいころ A，B を同時に投げるときの
目の出方は，下の表のように 36 通りある。

A\B	1	2	3	4	5	6
1	(1, 1)	(1, 2)	(1, 3)	(1, 4)	(1, 5)	(1, 6)
2	(2, 1)	(2, 2)	(2, 3)	(2, 4)	(2, 5)	(2, 6)
3	(3, 1)	(3, 2)	(3, 3)	(3, 4)	(3, 5)	(3, 6)
4	(4, 1)	(4, 2)	(4, 3)	(4, 4)	(4, 5)	(4, 6)
5	(5, 1)	(5, 2)	(5, 3)	(5, 4)	(5, 5)	(5, 6)
6	(6, 1)	(6, 2)	(6, 3)	(6, 4)	(6, 5)	(6, 6)

(1) 出る目の数の和が 8 となるのは，

　(2, 6), (3, 5), (4, 4), (5, 3), (6, 2)

の 5 通りあるから，その確率は $\dfrac{5}{36}$

(2) 出る目の数の和が 5 以下となるのは，

　(1, 1), (1, 2), (1, 3), (1, 4), (2, 1),

　(2, 2), (2, 3), (3, 1), (3, 2), (4, 1)

の 10 通りあるから，その確率は $\dfrac{10}{36} = \dfrac{5}{18}$

(3) 出る目が 2 個とも偶数となるのは，

　(2, 2), (2, 4), (2, 6), (4, 2), (4, 4),

　(4, 6), (6, 2), (6, 4), (6, 6)

の 9 通りあるから，その確率は $\dfrac{9}{36} = \dfrac{1}{4}$

❶ 6 通り　樹形図

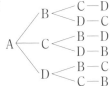

$$A \begin{cases} B \begin{cases} C-D \\ D-C \end{cases} \\ C \begin{cases} B-D \\ D-B \end{cases} \\ D \begin{cases} B-C \\ C-B \end{cases} \end{cases}$$

❷ (1) 72 通り　(2) $\dfrac{5}{9}$　(3) $\dfrac{1}{9}$　(4) $\dfrac{8}{9}$

❸ (1) $\dfrac{2}{5}$　(2) $\dfrac{2}{5}$　(3) $\dfrac{1}{10}$　(4) $\dfrac{9}{10}$

解き方

❶ A が先頭で走ることが決まっているので，B，C，D の 3 人について，順番を考えればよい。

❷ (1) 十の位になるのは，$\boxed{1}$～$\boxed{9}$ の 9 枚，一の位になるのは十の位になったカードをのぞいた 8 枚である。これらを樹形図にかいて数えると，72 通りであることがわかる。

(2) 奇数になるのは，小さい順に

　　13，15，17，19，21，23，25，27，29，

　　31，35，37，39，41，43，45，47，49，

　　51，53，57，59，61，63，65，67，69，

　　71，73，75，79，81，83，85，87，89，

　　91，93，95，97

の 40 通り。

(3) 5 の倍数になるのは，一の位が $\boxed{5}$ の場合で，十の位に 5 以外の 8 通りの場合が考えられる。小さい順に

　　15，25，35，45，65，75，85，95

の 8 通り。

(4) 20 以上の数を順に書き出すよりも，20 未満の数を書き出して，その確率を 1 からひくとよい。

20 未満の数は，小さい順に

　　12，13，14，15，16，17，18，19

の 8 通りだから，20 未満の数になる確率は

$$\frac{8}{72} = \frac{1}{9}$$

20 以上の数になる確率は $1 - \dfrac{1}{9} = \dfrac{8}{9}$

❸ 当たりくじを 1，2，はずれくじを 3，4，5 として，A，B，C のくじの引き方を樹形図にかいて数えると 60 通りであることがわかる。

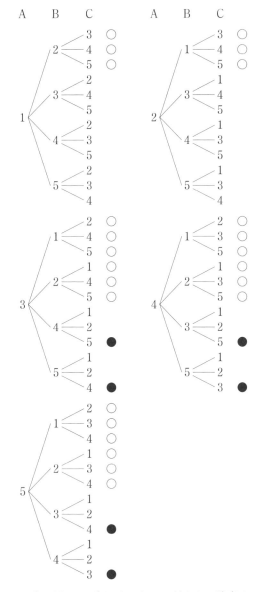

(1) 上の図の A が 1，2 のところだから，確率は

$$\frac{24}{60} = \frac{2}{5}$$

(2) 上の図の ○ のところだから，確率は

$$\frac{24}{60} = \frac{2}{5}$$

(3) 上の図の ● のところだから，確率は

$$\frac{6}{60} = \frac{1}{10}$$

(4) 少なくとも 1 人が当たるのは，「3 人とも当たらない」以外の場合だから，(3)より，

$$1 - \frac{1}{10} = \frac{9}{10}$$

7章 データの分析

1節 データの散らばり

2節 データの活用

p.54-55 **Step ❷**

❶ 第1四分位数 … 47点, 第2四分位数 … 58点,
　 第3四分位数 … 64点, 四分位範囲 … 17点

解き方 データの個数が19個なので, 第2四分位数は10番目の58点となる。19個のデータを2つに分けるとき, この10番目のデータは除いて分けることに注意する。前半部分の9個の中央値は5番目の47点で, これが第1四分位数, 後半部分9個の中央値は15番目の64点で, これが第3四分位数となる。
(四分位範囲)＝(第3四分位数)－(第1四分位数)
なので, 64－47＝17(点)

❷ 第1四分位数 … 23分, 第2四分位数 … 36分,
　 第3四分位数 … 47分, 四分位範囲 … 24分

解き方 箱ひげ図が示す数値は, 下の図のとおり。

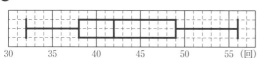

(四分位範囲)＝(第3四分位数)－(第1四分位数)
なので, 47－23＝24(分)となる。

❸

```
30      35      40      45      50      55  (回)
```

解き方 まず, データを小さい順に並べなおす。

32, 33, 34, 35, 36, 37, 39, 39, 40, 40, 41,
41, 43, 45, 45, 46, 46, 48, 50, 51, 52, 52,
53, 56 (回)

データの個数は24個なので, 第2四分位数は12番目と13番目の平均値で, (41＋43)÷2＝42(回)
第1四分位数は6番目と7番目の平均値で,
(37＋39)÷2＝38(回)
第3四分位数は18番目と19番目の平均値で,
(48＋50)÷2＝49(回)

これと, 最小値32回, 最大値56回をあわせて箱ひげ図に表せばよい。

❹ (1) C　　　　　　(2) A　　　　　　(3) B

解き方 (2)は, データの範囲からAとわかる。Aのヒストグラムが右側に集中しているのに対して, (2)の箱ひげ図も右側の幅が狭いことがわかる。

(1)と(3)はともに左右対称でよく似ているが, 箱の大きさが異なる。箱の中にはデータ全体の約半分が入っているので, 箱が大きいほど散らばりが大きく, 箱が小さいほどデータが集中していることを示している。

よって, 箱が小さい(3)は中央のデータが最も多いBのヒストグラムと対応していることがわかる。

❺ ①, ②

解き方 ① 四分位範囲は箱の横の長さだから, 2組の方が横の長さは大きいので正しい。
② 2組の第2四分位数は60点より大きいことから, 20人の半数以上の10人以上が60点より高得点であることがわかる。よって, 正しい。
③ 1組の第1四分位数は40点より大きいので, 20人の $\frac{3}{4}$ である15人以上が40点より高いことがわかるが, 2組の第1四分位数は40点より小さいので, 40点以上の生徒は15人以上いるとはいえない。よって正しくない。

❻ (1) 4組　　　　　　(2) 1組, 2組, 3組
　 (3) 1組, 3組, 4組　　(4) 1組, 2組, 3組

解き方
(1)は, 最小値が7秒以上であること,
(2)は, 第3四分位数が8秒以上であること,
(3)は, 第2四分位数が7.5秒以上であること,
(4)は, (第3四分位数)－(第1四分位数)が1秒以上であることを表している。
5組は, いずれにもあてはまらない。

p.56 **Step ❸**

❶ (1) 最大値 48 点, 最小値 7 点, 範囲 41 点

(2) 第 1 四分位数 22 点, 第 2 四分位数 30 点
第 3 四分位数 37 点

(3)

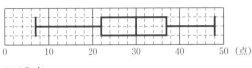

(4) 15 点

❷ ①, ③, ④

解き方

❶ (1) まず, データを小さい順に並べなおす。

7, 12, 17, 19, 20, 22, 24, 26, 28, 29,
30, 30, 33, 35, 35, 35, 36, 37, 40, 40,
42, 45, 48

よって, 最大値は 48 点, 最小値は 7 点
(範囲)=(最大値)−(最小値)=48−7=41(点)

(2) データの個数は 23 個なので, 第 2 四分位数は
12 番目の 30 点である。

次にデータを半分に分けるとき, この 12 番目の
データは除いて分けることに注意する。第 1 四分
位数は, 11 個の真ん中なので 6 番目の 22 点, 第
3 四分位数は, 18 番目の 37 点である。

(3) (1), (2)で求めた最小値, 第 1 四分位数, 第 2 四
分位数, 第 3 四分位数, 最大値をこの順に箱ひげ
図に表せばよい。

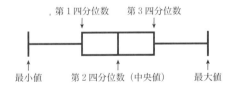

(4) (2)より,

(四分位範囲)=(第 3 四分位数)−(第 1 四分位数)
　　　　　　=37−22
　　　　　　=15(点)

❷ データの個数は 24 人なので, 箱とひげで分けら
れた 4 カ所に 4 等分した 6 人ずつが入っていると
考えて比べることができる。

① 3 組の第 1 四分位数は 5 回, 4 組の第 1 四分位
数は 4 回で, ともに 4 回以上なので 18 人以上い
るといえる。

② 3 回入った生徒が必ず 1 人はいる, といえるの
は, 最小値が 3 回である 3 組だけである。

1 組は第 1 四分位数が 3 回だが, 6 番目と 7 番目
のデータの平均値である可能性がある。

③ 2 組の範囲は, 8−1=7(回)

4 組の範囲は, 9−2=7(回)で同じである。

④ 3 組の四分位範囲は, 8−5=3(回)

4 組の四分位範囲は, 7−4=3(回)

で同じである。

テスト前 ☑ やることチェック表

① まずはテストの目標をたてよう。頑張ったら達成できそうなちょっと上のレベルを目指そう。
② 次にやることを書こう（「ズバリ英語〇ページ，数学〇ページ」など）。
③ やり終えたら☐に✔を入れよう。
　最初に完べきな計画をたてる必要はなく，まずは数日分の計画をつくって，
　その後追加・修正していっても良いね。

目標

	日付	やること1	やること2
2週間前	／	☐	☐
	／	☐	☐
	／	☐	☐
	／	☐	☐
	／	☐	☐
	／	☐	☐
	／	☐	☐
1週間前	／	☐	☐
	／	☐	☐
	／	☐	☐
	／	☐	☐
	／	☐	☐
	／	☐	☐
	／	☐	☐
テスト期間	／	☐	☐
	／	☐	☐
	／	☐	☐
	／	☐	☐
	／	☐	☐

テスト前 ☑ やることチェック表

① まずはテストの目標をたてよう。頑張ったら達成できそうなちょっと上のレベルを目指そう。
② 次にやることを書こう（「ズバリ英語〇ページ，数学〇ページ」など）。
③ やり終えたら□に✔を入れよう。
　最初に完ぺきな計画をたてる必要はなく，まずは数日分の計画をつくって，
　その後追加・修正していっても良いね。

目標

	日付	やること1	やること2
2週間前	／	☐	☐
	／	☐	☐
	／	☐	☐
	／	☐	☐
	／	☐	☐
	／	☐	☐
	／	☐	☐
1週間前	／	☐	☐
	／	☐	☐
	／	☐	☐
	／	☐	☐
	／	☐	☐
	／	☐	☐
	／	☐	☐
テスト期間	／	☐	☐
	／	☐	☐
	／	☐	☐
	／	☐	☐
	／	☐	☐

キリトリ線